科普名家    

讲给孩子的数学故事

数学大英雄

李毓佩 著

海豚出版社
DOLPHIN BOOKS
CICG 中国国际传播集团

图书在版编目（CIP）数据

数学大英雄 / 李毓佩著 . -- 北京：海豚出版社，2019.4（2024.1重印）
（科普名家李毓佩讲给孩子的数学故事）

ISBN 978-7-5110-4404-4

Ⅰ . ①数… Ⅱ . ①李… Ⅲ . ①数学 – 少儿读物 Ⅳ . ① O1–49

中国版本图书馆 CIP 数据核字（2018）第 300091 号

数学大英雄

出 版 人：王　磊

责任编辑：王　然　张思雨
责任印制：于浩杰　蔡　丽
法律顾问：殷斌律师

出　　版：海豚出版社
地　　址：北京市西城区百万庄大街 24 号　　　邮　编：100037
电　　话：010–68325006（销售）　010–68996147（总编室）
传　　真：010–68996147
印　　刷：天津泰宇印务有限公司
经　　销：新华书店及各大网络书店
开　　本：32 开（880 毫米 ×1230 毫米）
印　　张：6
字　　数：75 千字
版　　次：2019 年 4 月第 1 版　2024 年 1月第 9 次印刷
标准书号：ISBN 978-7-5110-4404-4
定　　价：25.00 元

CONTENTS

哪吒大战红孩儿

海龙王请客

哪吒大战红孩儿

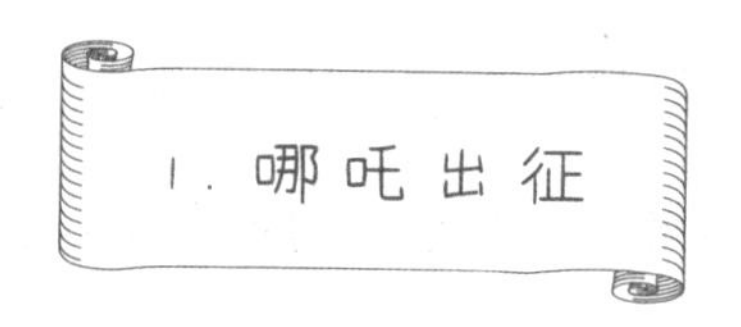

1. 哪吒出征

一日，托塔天王李靖正在操练天兵天将，忽然探子来报，说在枯松涧火云洞住着一个妖精，专干坏事，残害百姓。

李天王听罢大怒：“岂有此理！朗朗乾坤，怎能容妖怪横行！来人，我要出兵讨伐妖孽，何人愿做先锋官？”

李天王话音未落，下面同时站出三员大将，三人同时抱拳说：“儿愿打头阵！”天王定睛一看，原来是自己的三个儿子：金吒、木吒和哪吒。

见三个儿子争当先锋官，李靖甚感为难。李天王稍一迟疑，只听下面又“呼啦啦”站出多人请战：“我愿做

先锋官！”“我愿做先锋官！”李天王一看，原来是巨灵神、大力金刚、鱼肚将、药叉将等众天将。

李天王摇摇头说：“这可怎么办，这可怎么办！先锋官只要一个，你们都想当，我如何定夺？”

话音刚落，只见巨灵神站出来说：“我有个主意，大家来比比个子高矮，身材高大自然力不亏，选个子高的当先锋官肯定没错。”

没想到大力金刚第一个不乐意，他说：“比身高不如直接比力气，力气大者，当！”

“那不行，你是大力金刚，那当然是你力气大了！”众多天将一致反对。大家你一言我一语，有的说应该这么比，有的说应该那么比，一时间操场上闹哄哄的。

“诸位安静。”这时一声清脆的童音响起，大家一看，出来说话的是李天王的三太子哪吒。哪吒笑嘻嘻地说：“我刚才数了一下，出来争当先锋官的一共有 31 人。我建议这 31 人排成一横排，排的时候自己找位置站好。”

巨灵神问：“三太子，你这是玩的什么把戏？”

哪吒调皮地眨眨眼睛，说："31 人站好之后，从左到右 1、2、3 报数，凡是报 3 的留下来，其余的淘汰。留下的人再 1、2、3 报数，把报 3 的留下来，其余的淘汰。这样报下去，最后剩下的一个，就是先锋官。"

李天王也没有别的好办法，闻此言点点头说："好！就这么办！"

众天将都飞快地转动着脑筋，琢磨自己应该站到哪个位置上。巨灵神抢到了第 3 号位置，他乐呵呵地说："我报 3，我不会被淘汰。"

金吒飞快地跑到第 6 号位置，木吒想了想站到了第 9 号位置。而哪吒呢，他毫不迟疑地站到了第 27 号位置。

报数开始，第一轮过后，剩下了 10 个人，巨灵神、金吒、木吒、哪吒都留下了。此时巨灵神的位置变成了 1 号，金吒的位置变成了 2 号，木吒的变成 3 号，而哪吒的变成了 9 号。

巨灵神一开始还洋洋得意，后来一看自己变成了 1 号，顿时垂头丧气起来。

第二轮报数过后，剩下了 3 个人。巨灵神和金吒被淘汰，木吒变成了 1 号，哪吒变成了 3 号。第三轮过后，只剩下了哪吒一人。哪吒如愿拿到了先锋官的令旗。

一旁的木吒很纳闷，他小声问哪吒：“你选择 27 号，为什么就会留到最后？”

哪吒神秘地一笑，耳语道：“从 1 到 31，因数只含 3 的数有 3 个，即 3，9（9=3×3），27（27=3×3×3）。

而每次报数等于用3去除这个数，留下能整除的。27含有3个3，用3除它3次，它还得1呢！”

哪吒令旗一挥：“发兵火云洞！”

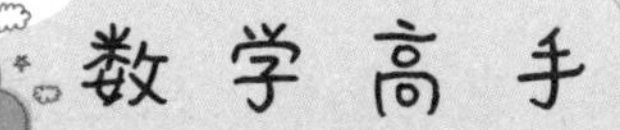

数学高手

逐次淘汰问题

如果m个自然数从小到大排列，从左向右1、2、3……报数，凡是报n的留下来，其他的淘汰，每次报数到了最后再重新来，那么最后留下的一个一定是第n×n×n……×n个，其中n×n×n……×n是小于m尽可能多个n连乘。如本故事中，31个人1、2、3报数，凡是报3的留下来，其他的淘汰，$3\times3\times3<31$，所以最后留下的是第27个人。

试一试

有100只猴子，从左向右1、2报数，凡是报2的留下来，报1的淘汰，最后留下的是第几号猴子？

2. 不和傻子斗

话说哪吒脚踏风火轮，肩头斜背乾坤圈，带着众天兵天将直奔枯松涧火云洞而来。来到洞口，只见大门紧闭，门上贴有一张告示，上面写着：

哪吒小子听真：

我圣婴大王从不和傻子斗。要想和我过招，先要回答下面的问题，看看你是不是傻子。若不傻，再和我交手。

在四个6之间添加适当的数学符号，使它们的结果分别等于1，2，3，4，5，6，7，8：

6　6　6　6=1　　　6　6　6　6=2

6　6　6　6=3　　　6　6　6　6=4

6　6　6　6=5　　　6　6　6　6=6

6　6　6　6=7　　　6　6　6　6=8

圣婴大王　红孩儿

哪吒看完告示，气得七窍生烟，哇哇乱叫。他摘下乾坤圈就要向洞门砸去，二哥木吒赶忙拦住。

木吒说：“三弟息怒！傻子斗气，聪明人斗智。前些年我和红孩儿打过交道，他聪明过人，不可小看。另外，他出如此简单的题目，不妨给他做出来，以显我天兵天将的大度。”

“也好！”哪吒说罢略一思索，很快就给八个算式添上了数学符号：

$66 \div 66=1$	$6 \div 6+6 \div 6=2$
$(6+6+6) \div 6=3$	$6-(6+6) \div 6=4$
$66 \div 6-6=5$	$6+(6-6) \times 6=6$
$(6+6 \times 6) \div 6=7$	$6+(6+6) \div 6=8$

哪吒刚刚填完，只听轰隆隆一阵巨响，火云洞洞门大开，从洞里蹿出六个怪物。他们是红孩儿的六大干将，分别叫作云里雾、雾里云、急如火、快如风、兴烘掀、掀烘兴。他们一个个龇牙咧嘴，嘴里不停地说：“哇！又来送好吃的了。”

六干将分左右刚刚站好，红孩儿带着一阵狂风从洞中冲了出来。只见他上身赤裸，腰间束一条锦绣战裙，手中拿着一杆一丈八尺长的火尖枪。

红孩儿脑袋一晃，喝道："什么人来送死？"

哪吒一指红孩儿："大胆妖孽，竟敢无视天庭，独霸一方，鱼肉百姓！今日天兵天将到此，还不快快跪倒投降！"

数学高手

巧填运算符号

在巧填运算符号或括号时，一般采用逆推法和凑数法。先分析数的特点，善于从计算结果逆推分析，推想哪些算式能凑出这个结果。在考虑问题时，要仔细、全面。例如：

4　4　4　4　4=1

这个题目计算结果是1，根据1+0=1，前两个4相除即4÷4=1，后面的3个4只要凑成0即可，可用(4−4)×4=0，所以4÷4+(4−4)×4=1；或者想2−1=1，前3个4凑成2，后面两个4凑成1也行，所以(4+4)÷4−(4÷4)=1。

试一试

填上+、−、×、÷或者(　)，使等式成立。

5　5　5　5=0　　　5　5　5　5=1

5　5　5　5=2　　　5　5　5　5=3

红孩儿“嘿嘿”一阵冷笑：“口气倒不小，要想让我投降，你问问我手中的火尖枪答不答应！看枪！”声到枪到。

哪吒手也不含糊，大喝一声，手舞乾坤圈和红孩儿战到了一起。只见红孩儿把一杆火尖枪使得密不透风，哪吒抡起乾坤圈是圈套圈连成一体，不见哪吒身影。好一场大战，两人从日出一直战到日落，硬是不分高下，把一旁观战的天兵天将和小妖们看傻了眼。

红孩儿见一时半会儿赢不了，便虚晃一枪，说：“今日天色已晚，且留你多活一夜，明日再和你大战三百回合！”说完掉头回洞，咣当一声，洞门关闭。

哪吒一看，气得大叫：“你这小屁孩，别当缩头乌龟呀！”哪吒忘了，他自己也是“小屁孩”。哪吒抡起乾坤圈就往洞门砸去，可无论他们怎么叫阵，红孩儿就是不出来。哪吒只好悻悻然回大营，边走边想：“也罢，待我休整一晚，明天再收拾他。”

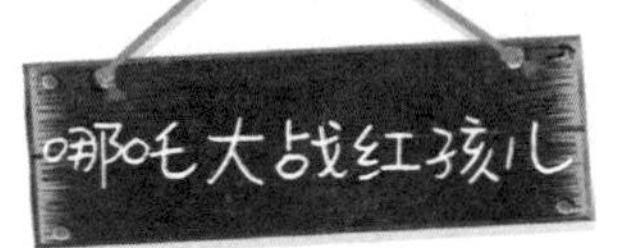

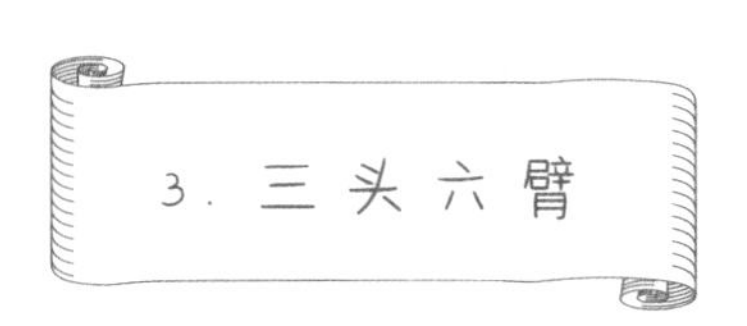

3. 三头六臂

第二天一早，哪吒就领着天兵天将来到火云洞前叫阵：“小小红孩儿，你这缩头乌龟，快快出来受死！”

哗啦一声，洞门大开，红孩儿带着六干将和众小妖杀了出来。

哪吒和红孩儿见面分外眼红，两人也不搭话，各挺兵器杀在了一起。你来我往，杀了足足有一个时辰，仍不见高低。

突然，哪吒大喊一声：“变！”只见他身子一晃，立刻变成了三头六臂。红孩儿一见，倒抽一口凉气。原来哪吒的六只手分别拿着六件兵器，它们是斩妖剑、砍妖刀、缚妖索、降妖杵、绣球儿、火轮儿。

哪吒叫道：“接着！”六件兵器一齐向红孩儿打去。红孩儿立刻慌了手脚，他的火尖枪顾得东来顾不了西，顾了上顾不了下，忙乱之中红孩儿的后背被降妖杵狠狠

地打了一下。

“哇呀呀！”红孩儿痛得大叫一声，跳出了圈外。红孩儿把手一挥：“小的们，上！”只见云里雾、雾里云、急如火、快如风、兴烘掀、掀烘兴六干将一齐冲了上去。他们每人对付哪吒的一件兵器，这样，哪吒一对六，“叮叮当当”地战在了一起。

激战中，哪吒喊了一声：“变！”只见哪吒六只手拿

的兵器换了一个次序，云里雾本来对付的是斩妖剑，瞬间却变成了砍妖刀。云里雾哇哇叫道：“糟糕！对付剑的招数和对付刀的招数不一样啊！”话音未落，云里雾的大腿被砍妖刀砍了一刀。那边厢，急如火的胳臂被斩妖剑刺中了一剑。

没等这六干将回过神来，哪吒又喊了一声：“变！”哪吒六只手拿的兵器又换了一个次序，云里雾对付的砍妖刀又变成了缚妖索。六干将手忙脚乱，乱作一团。没战多会儿，云里雾就被缚妖索捆了个结结实实。

就这样没变几次，六干将伤的伤，被捉的被捉。红孩儿见状大惊。

红孩儿问哪吒：“你那六只手拿的兵器，一共有多少种不同的拿法？”

哪吒嘿嘿一笑，神奇地说：“我说出来你可别害怕，一共有 720 种不同的拿法！”

“有这么多？”红孩儿不信。

“还不信？好吧，今天你爷爷就给你算算，也让你

长长见识。”哪吒说，“2只手拿2件兵器，可以有2种不同的拿法，也就是$1\times2=2$；3只手拿3件兵器，有$1\times2\times3=6$种不同的拿法；4只手拿4件兵器，有$1\times2\times3\times4=24$种不同的拿法；6只手拿6件兵器，就有$1\times2\times3\times4\times5\times6=720$种不同的拿法。”

“呀，厉害！”红孩儿倒吸了一口凉气，心想：看来这小子有点招，我得回家想想对策去。于是他一溜小跑跑回了火云洞，边跑边说：“你有你的绝招，我有我的绝活儿！今天就斗到这儿，明天再斗！”

哪吒大获全胜，押着俘虏的云里雾返回了大营。

数学高手

排列组合

本故事使用的是排列组合中的分步计数原理（乘法原理）：如果办一件事需要几个步骤，其中第一步有A种方法，第二步有b种方法，第三步有c种方法……，那么办成这件事情有$A\times b\times c\times$……种方法。

这个题目还可以这样想：哪吒6只手拿6件兵器，第1只手有6种选择；第1只手选中兵器后，第2只手从剩下的5种兵器中选，有5种选法。以此类推，第3只手有4种选择，第4只手有3种选择，第5只手有2种选择，第6只手有1种选择。所以，哪吒就会有6×5×4×3×2×1=720种不同的拿法。

试一试

某电话号码为138××××××××，若最后5位数字是由6或8组成的，则这样的电话号码一共有多少个？

4. 厉害的火车子

一大早，休整完毕的哪吒就来到了火云洞前叫阵。来到洞口，哪吒一看，奇了怪了，洞前有了变化。也不知道红孩儿玩的什么把戏，他在洞前画了一个环形的大圈，边上写了许多0和1（图1）；环中间放着五辆车子，车上盖着布，布下不知藏了些什么东西。

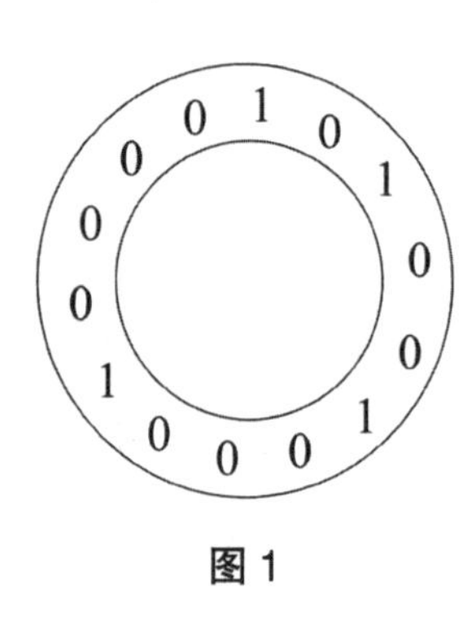

图1

哪吒正纳闷，一声炮响，洞门大开，红孩儿领着一群小妖冲了进来。

哪吒一指红孩儿："小小红孩儿，昨日你已战败，今日快快投降，我可免你一死！"

红孩儿"嘿嘿"一阵冷笑："你省省吧，咱俩的比试刚刚开始，哪谈得上投降啊？接招儿吧！"说完，他一只手捏着拳头，照着自己的鼻子狠狠捶了两拳，滴出几滴血。红孩儿把鼻血往脸上一抹，抹了个大红脸。

只听红孩儿大声念了两遍咒语："10100100010000，10100100010000。"然后突然把嘴一张，从口中喷出火来。接着他又把火尖枪向上一指，环中停着的五辆车子

全部燃起了熊熊烈火；他再把火尖枪向前一指，烈火直奔哪吒烧来。

哪吒见状大惊，口念避火诀，朝红孩儿冲杀过去。没到眼前，红孩儿又猛地喷了几口大火，烧得哪吒睁不开眼，只好败下阵来。

好一股大火，把半边天都烧红了。天兵天将们躲避不及，慌作一团。大火越烧越烈，天兵天将的眉毛胡子着了，衣服也着了，烧得他们“妈呀！妈呀！”地乱叫，

一个个屁滚尿流。

哪吒见势不好，连忙叫道："兄弟们，火势太猛，先逃回大营！"说完脚下一使劲，踏着风火轮一溜烟跑回大营。只听后面红孩儿哈哈大笑："哪吒，有本事的别跑啊！"

回到大营，哪吒召集众将商量对策。巨灵神、大力金刚等天兵天将一个个烧得焦头烂额，垂头丧气。哪吒问大家有何破敌之计。

木吒说："红孩儿使的是火车子，就是不知道他念的咒语 10100100010000 是什么意思，无法破它。"

怎么能知道这咒语的含义呢？哪吒忽生一计，他令天兵把俘虏的云里雾押来——云里雾是红孩儿六干将之一，应该知道点什么。可是云里雾说，他也不知道咒语的含义。

哪吒托腮沉思良久，忽然起身走到云里雾跟前，绕云里雾转了一圈。咦，怪事出现了，站在大家面前的是两个一模一样的云里雾。其中一个云里雾朝大家招招手："我回火云洞了，再见！"天兵刚想阻拦，木吒笑着摆摆手，说："随他去吧！"

数学高手

二进制数

故事中的10100100010000只有0和1两个数码，这是一组二进制数据。二进制数因为只有0和1两个数码，基本运算规则简单、操作方便。在现实生活中，许多物体只有两种状态，如电灯的“亮”与“灭”，开关的“开”与“关”，电路的导通或截止。0和1正好和生活中的“是”与“非”相对应，因此一种状态用数码0表示，另一种状态用数码1表示。

试一试

机器人胸前有一排灯，如果灯亮记为“1”，灯不亮记为“0”，请按照“亮、亮、不亮、亮、不亮、亮”的顺序，将机器人亮灯的情况用二进制数表示出来。

5. 智破火车子

云里雾回到火云洞，红孩儿见爱将回来心里十分惊喜，问他是怎么跑回来的。云里雾胡编了几句，乱吹了一通。红孩儿信以为真，令小妖摆宴席，给云里雾接风压惊。

酒过三巡，菜上五味，红孩儿得意地问："云里雾，那些天兵天将被我的火车子烧得怎么样啊？"

"惨不忍睹！"云里雾谄媚地说，"大王的火车子果然十分厉害，那巨灵神被烧成了一个大秃子，大力金刚的脸都烧黑了。"

"哈哈！"红孩儿大笑，一仰脖子一大杯酒喝了下去，"痛快，痛快！让他们尝尝我火车子的厉害！"

红孩儿夹了一口菜又问："他们下一步打算怎么办？"

"还能怎么办？"云里雾说，"小的听几个看押我的天兵天将嘀咕，说哪吒弄不清楚您念的咒语10100100010000是什么意思，正准备撤兵呢！"

云里雾见红孩儿醉意甚浓，眼珠转了转，忙把身子往前凑了凑，问：“大王真是高明。不过，小的好奇，我跟您这么多年，都不知道这咒语的含义，不知……”

红孩儿正喝得兴头上，也没多加提防，说：“告诉你也无妨。5 辆火车子放在一个环形的大圈里面，环的边上写着 4 个 1 和 10 个 0，共 14 个数字。如果我念的是这 14 个数字组成的最大数，大火就向外烧——10100100010000 就是最大数。”

云里雾问：“如果念的是这 14 个数字组成的最小数呢？”

红孩儿脸色突变：“那可就坏了，大火就反向往内烧了！”

“哦——是这么回事。”云里雾点点头，心里窃喜。过了一会儿，云里雾瞅准时机，冲红孩儿一抱拳：“大王，我去方便方便。”

没想到，云里雾出了大厅后并没有回来，而是偷偷溜出了火云洞。出洞后他把脸一抹，现出了本相，原来

这个云里雾是哪吒变的。哪吒踏着风火轮朝大营方向赶，边走边想：好小子，看爷爷待会儿怎么收拾你！回到大营，哪吒把咒语的秘密告诉了众天将。

众天将面面相觑，大力金刚摇摇头："谁能知道最小数是多少呢？"

"这个容易。哪吒说，要想让这个数大，你就尽量让 1 在高位上，也就是让 1 尽量靠左。反过来，要想让这个数小，你就尽量让 1 在低位上，也就是让 1 尽量靠右。不过要注意，一个多位数的首位不能是 0。"

还是木吒反应快，马上接着说："最小数应该是 10000100010010。"

稍事休息，哪吒带兵来到火云洞，高声叫阵。红孩儿正躺在床上睡大觉呢，听到小妖来报，心里直纳闷：咦，他们不是要撤兵吗？怎么又来叫阵了？

红孩儿不敢怠慢，提起火尖枪出了洞门。见着哪吒，红孩儿高声叫骂："好你个哪吒，胆子倒不小。看来那天还没把你们烧透，我来接着烧！"他捶破了鼻子，

抹完了红脸，刚想念咒语，谁知道哪吒却抢先念了两遍咒语：“10000100010010，10000100010010。”

数学高手

二进制数比大小

二进制数比较大小，位数不同，位数多的那个数大；位数相同，先比较首位，首位大的较大；如首位相同，再比较下一位。1 尽量靠左在高位上数大，1 尽量靠右在低位上数小。

4 个 1 和 10 个 0 组成的二进制数，其中最大的是 11110000000000，最小的是 10000000000111。不过，由于本故事中 4 个 1 和 10 个 0 的位置已经固定了，所以组成的二进制数最大数是 10100100010000，最小数是 10000100010010。

试一试

试比较 10001000 和 1101010 两个二进制数的大小。

只见大火猛地朝红孩儿和众小妖烧去，“哇，这火怎么造反啦！”红孩儿撒腿就往洞里逃，可是已经来不及了，他腰间束的那条锦绣战裙已被大火烧光。

天兵们开心地大叫：“看呀，红孩儿光屁股喽！”

红孩儿逃进火云洞，巨灵神和大力金刚人高腿长，一个箭步就追了进去。两人刚刚进洞，咣当一声，洞门关上了。

火云洞里面结构十分复杂，里面一共有5间洞室，其中2间洞室有4扇门，另外3间洞室有5扇门（图2）。巨灵神和大力金刚从一间洞室追到另一间洞室，从一扇门进去，又从另一扇门出来，也没有看到红孩儿的身影。这红孩儿到哪里去了呢？

图2

正当两人发愣的时候，传来红孩儿清脆的笑声：“哈哈，两个傻瓜，还想追我圣婴大王？你们进了我的火云洞，就算进了坟墓喽！”

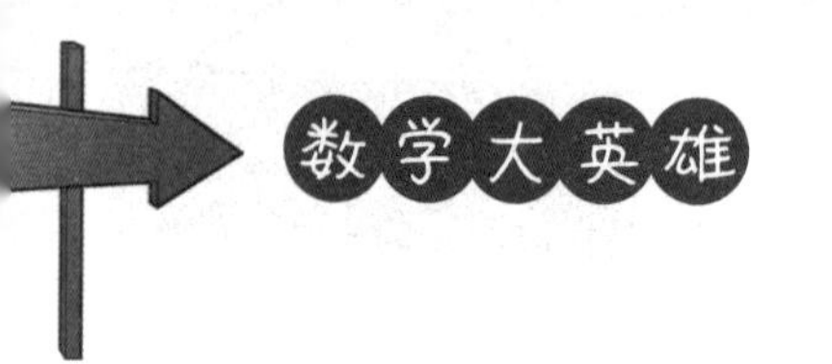

大力金刚大怒，他吼道：“光腚的红孩儿，有能耐的站出来，咱俩一对一地较量一番，躲在暗处算什么本事！”由于声音太大，洞顶震得直往下掉土。

巨灵神也大叫道：“既然你不敢和我们打，那就让我们出去，搞阴谋诡计算什么好汉！”

红孩儿说：“想出去并不难，只要你们走遍这 5 间洞室，每个门都经过一次，而且只能经过一次，洞门就将大开。”

“走！咱俩按他的要求走一遍。”巨灵神和大力金刚开始走了。为了不重复，他们每经过一扇门，就在这扇门上做个记号。

走一遍不成，再走一遍，还是不成。两人在里面走了一遍又一遍，就是达不到红孩儿的要求。大力金刚累得一屁股坐在地上：“累死我了，不走了！”

一只小蚊子从洞门的缝隙飞了进来，落在巨灵神的肩上。蚊子小声地问：“出什么事了？”

巨灵神一听声音，知道蚊子是哪吒变的，就把他俩走了半天也达不到红孩儿要求的事情说了一遍。哪吒飞起来，把5间洞室都看了一遍。

哪吒又飞回到巨灵神的肩上，小声说："红孩儿在骗你们呢！根本就不存在这么一条路线，不管你们怎么走，也达不到他的要求。"

“为什么？”

哪吒说：“要想每个门都经过一次，而且只经过一次，只有两种选择，或者每间洞室的门都是双数的，满足要求的走法是从其中一间洞室出来，最后再回到这间洞室；或者只有两间洞室的门是单数的，满足要求的走法是从一间有单数门的洞室出来，最后回到另一间有单数门的洞室。”

巨灵神双手一摊，问：“现在有3间洞室的门是单数的，肯定达不到他的要求了。这该怎么办？”

哪吒想了一下。

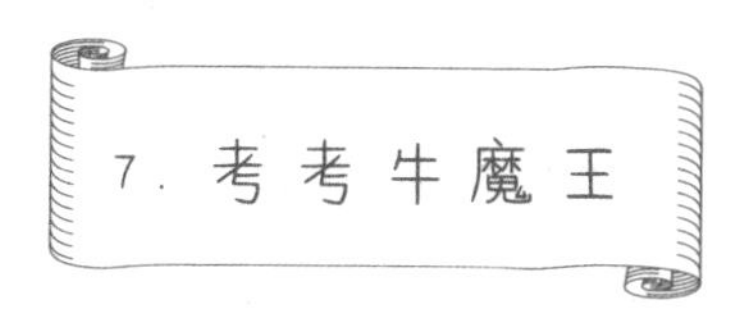

7. 考考牛魔王

哪吒说：“大力金刚力大无穷，让他搬动山石把一间有5扇门的洞室堵上一个门，使它变成只有4

扇门。”

“好主意！”巨灵神双手一拍，“这样就只有 2 间洞室是单数门了，可以不重复地一次走完。”

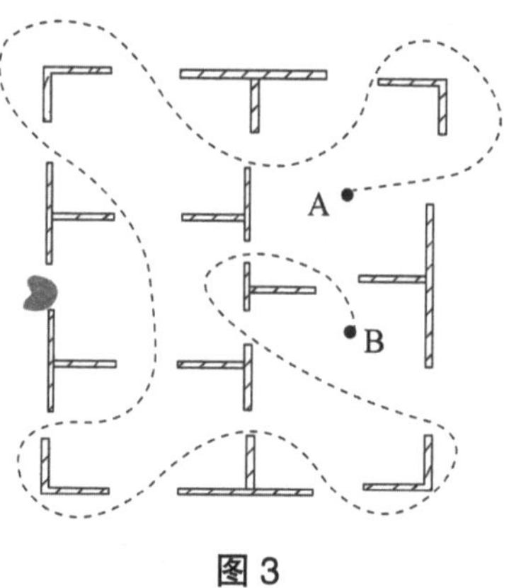

图 3

大力金刚三两下就把一个门堵上了。两个人七绕八绕，很快就按红孩儿的要求走完了所有的门（图 3）。只听咣当一声，洞门大开，巨灵神和大力金刚马上冲出了火云洞。他俩刚刚出来，洞门一下子关上了。

哪吒见巨灵神和大力金刚安全出来了，就又开始叫阵：“红孩儿，快快出来投降，本先锋官可以饶你不死！”可是不管哪吒怎样叫喊，红孩儿就是不露面。

哪吒直纳闷红孩儿打的什么主意，正想着，突然洞门开了一道小缝，一只麻雀嗖的一声从洞里飞了出来。哪吒眼疾手快，迅速抛出乾坤圈把麻雀套住，从麻雀的腿上解下一张纸条。纸条是红孩儿给他爸爸牛魔王的一

封信，内容是自己被困火云洞，盼望牛魔王赶紧来救他。

木吒说：“如果牛魔王真来救他，那可就麻烦了。牛魔王人称‘平天大圣’，和齐天大圣孙悟空等 7 个魔头结为七兄弟，这 7 个魔头哪个都不是好惹的。另外，牛魔王的夫人铁扇公主，法力更是了得，一把芭蕉扇神奇无比，一扇熄火，二扇生风，三扇下雨。”提到孙悟空，天兵天将个个头顶冒冷汗。

哪吒眼珠一转，突然仰面大笑：“哈哈，红孩儿现在急盼救兵，我们何不将计就计。我变作牛魔王，骗他打开洞门；咱们趁势杀将进去，一举将他擒获！”

众天兵天将都说是个好主意，只有木吒低头不语。

第二天，哪吒变的牛魔王，带着一队小妖来到火云洞。只见牛魔王头戴熟铁盔，身穿黄金甲，脚穿麂皮靴，手提一根混铁棍，胯下骑着一头辟水金睛兽，神气得很。

牛魔王对着洞门大喊：“孩儿开门，为父来了！”

吱的一声，洞门开了一道缝，红孩儿探出脑袋向外看了看，咚的一声又把洞门关上。

红孩儿在里面说："哪吒变化多端，我不得不防。他日前变作我的大将云里雾，骗走了我的密码口诀。你到底是我的真父亲，还是假父亲，我不能断定，所以，你必须接受我的考验。"

牛魔王双眉紧皱："怎么，还有儿子考老子的？"

"不考不成啊！"说着洞门又开，从里面推出一块木板。

数学高手

一笔画问题

故事中的题目要求每一扇门都经过一次，并且不能重复，是个变相的一笔画问题。一笔画的原理是：

(1) 一笔画必须是连通的（图形的各部分之间连接在一起）；

(2) 没有奇点（即单数）的连通图形做一笔画，画时可以以任一偶点（即双数）为起点，最后仍回到这点；

(3) 只有两个奇点的连通图形做一笔画，画时必须以一个奇点为起点，以另一个奇点为终点；

(4) 奇点个数超过两个的图形不能完成一笔画。有 m 个奇点的连通图，至少需要 (m÷2) 笔才能画出。

故事中有 3 间洞室有 5 个门，奇点个数超过两个，肯定不能一次不重复地走完。

试一试

如下图所示，两条河流的交汇处有两个岛，有七座桥连接这两个岛及河岸。请问散步者能否一次不重复地走遍这七座桥？

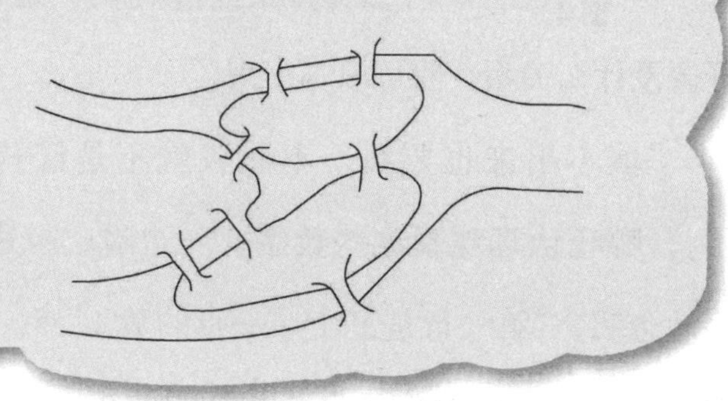

8. 家族密码

红孩儿打开洞门推出的那块木板，上面有一张由许多数字构成的方格图（图4），其中有两个空格没有数字。

红孩儿在洞里说：“如果你是真牛魔王，就能顺利地填

1	5	6	30
2	3	8	12
3		7	35
4	3		9

图 4

出空格里的数字，因为那两个数字是咱们的家族密码。如果填不出来，就证明你是哪吒变的假牛魔王。”

木吒变作小妖，在一旁小声说：“红孩儿这招够绝的，这些数字之间好像没什么关系，我可填不出来。”

“填不出来也要填，不然我就不是红孩儿的真爹了。”哪吒认真观察这些数字，一边看，一边嘴里还不停地念叨，“第一行是三个小一点的数 1、5、6，一个大数 30。它们之间肯定不会是相加的关系，应该是相乘的关系。”

木吒有了新发现：“对！ $5\times6=1\times30$。”

哪吒说：“只有第一行有这个规律还不成，第二行是否也符合这个规律呢？”

“$3\times8=24$，$2\times12=24$，嘿，也对！”木吒开始兴奋，“第三行空格的数字应该是 $35\times3\div7=15$，第四行空格中的数字应该是 $4\times9\div3=12$。”

数学高手

巧填数字

做填数字使和、差相等的谜题，首先要仔细观察，找出带有数字的行或列，对其中的数字进行四则运算，或者通过拆分观察数的排列，找出其中的规律，按照已知规律计算未知的数。

在做题过程中，要充分利用顶点、中央等特殊位置的关键数字，敢于尝试。填好后要回头检查一下，看是不是符合题目要求。

试一试

把 2、3、6、7 分别填入下图中，使每条线上三个数的和是 16。

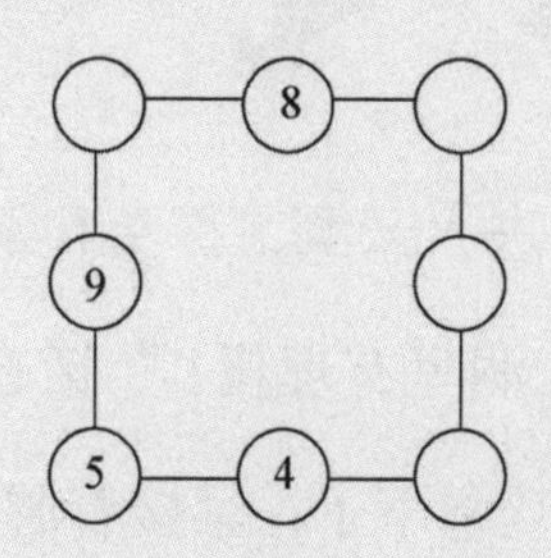

哪吒大声说："红孩儿，爹爹怎么会把家族密码忘了呢？一个是15，另一个是12呀！"

"答对了，爹爹请进！"说着红孩儿把洞门打开。哪吒骑着辟水金睛兽刚想往洞里走，一旁的木吒拦住了他。

木吒快步走进火云洞，探头往洞里一看，回头大声叫道："别进来，洞里有埋伏！"话音刚落，洞里的小妖一拥而上，把木吒拿下了，紧接着洞门又紧紧关闭上了。

哪吒真有点后怕，他变回原形，大声问："红孩儿，我已经答出了你的家族密码，你为什么还能识破我是假牛魔王？"

红孩儿在洞里哈哈大笑："哪吒呀哪吒，你是聪明一世糊涂一时啊！密码应该是 1512，一个数啊，怎么会是 15 和 12 两个数呢？"

"唉！怪我一时糊涂！"哪吒狠狠敲了一下自己的脑袋。

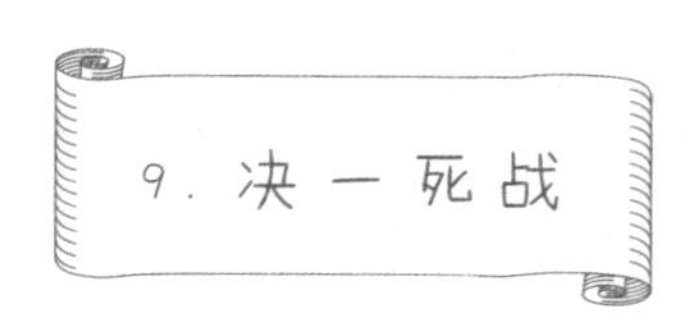

9. 决一死战

第二天，为了救出木吒，哪吒一早就来到了火云洞前叫阵。

哪吒刚刚喊道："红孩儿听着……"突然洞门大开，数百名小妖蜂拥而出，红孩儿押着木吒走在最后。

红孩儿突然尖叫一声，小妖立刻排出一个8层中空方阵（每一层边的两头都比里一层各多站一人），红孩儿和木吒站在了阵中央（图5）。

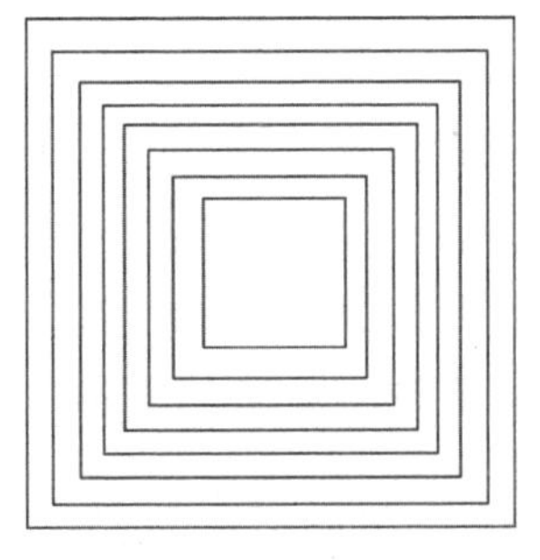
图5

红孩儿双眉倒竖，用火尖枪一指哪吒，说："哪吒听着，你一再施计谋欺我，今天我要和你决一死战，拼个你死我活！"

哪吒问："怎么个决战法？"

"我和木吒就在方阵中央，你如果能攻破我的 8 层中空阵，木吒你救走，我随你去见李天王，听候处理！"看来红孩儿真的是下狠心要和哪吒拼个你死我活了。

金吒在一旁提醒："三弟，如果弄不清他这个 8 层中空阵有多少小妖，万万不可轻举妄动！"

哪吒想了一下，对红孩儿说："我提一个问题，你敢回答吗？"

"嘿嘿！"红孩儿一阵冷笑，"别说提一个问题，就是提 10 个问题，我也照答不误。"

"好！"哪吒问，"如果要把你这个中空方阵填成实心的，不算你和木吒，还需要多少名小妖？"

红孩儿略微思考了一下，说："原来是这么简单的问题——再补上 121 名小妖，就可以填满。"

金吒埋怨哪吒："让你问他 8 层中空阵一共有多少名小妖，你怎么问他这个问题？"

哪吒微微一笑："你直接问他有多少人，他会告诉你

吗？方阵的小妖数是军事秘密呀！”金吒一想也是这么回事。

哪吒低声对金吒说：“中间的空当也是正方形的。这个正方形如果站满小妖，由 121=11×11，可知每边上必然是 11 个小妖。又因为是 8 层方阵，所以最外面的大正方形，每边上的小妖数就有 11+2×8=27 个。”

“我明白了！”金吒也小声说，“实心方阵的小妖数就是 27×27=729 个，再减去中心小妖数 121，共有 729−121=608 个小妖。”

“才六百多个小妖，不在话下！”哪吒命令，“大哥，你带领所有的天兵天将从南边往阵里攻，我一个人从北边攻入，让红孩儿顾得南来顾不得北，顾得头来顾不了脚！”

“得令！冲啊，杀呀！”金吒带领众天兵天将，杀声震天，直奔 8 层中空阵的南边杀去。

哪吒大喊一声“变”，立刻变成三头六臂，他一个人从阵北边往里冲。

小妖哪见过这种阵势，慌忙迎战。只几个回合，众

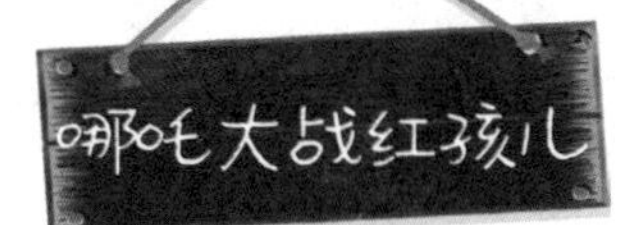

小妖就死伤一大片，余下的小妖跪地求饶："哪吒爷爷，饶命！"

数学高手

方阵问题

空心方阵的特点是每层与相邻两层的总数量相差8，相邻两层的单边数量相差2。空心方阵的总数=(最外层单边数量－总层数)×总层数×4，实心方阵的总数=最外层单边数量×最外层单边数量。

哪吒采用的是"大实心方阵的总数－小实心方阵的总数"。他把小的空心方阵当作实心方阵，知道了实心方阵最里层的人数，就可以推算出8层方阵最外层每边的人数，总的人数就可以利用公式算出。

数学高手

试一试

一个空心方阵的最外层是60人，中间那层是44人，问这个空心方阵的总人数是多少？

10. 一扇万里

红孩儿一看兵败如山倒，无心恋战："三十六计走为上，逃！"说完就夺路而逃。

哪吒叫道："不捉住元凶我如何交差？"

木吒大喊一声："追！"

哪吒一踩风火轮，领着木吒在后面紧紧追赶。刚追到一个三岔路口，突然铁扇公主从半路杀出。只见铁扇

公主头裹团花手帕，身穿纳锦云袍，腰间双束虎筋绦，手拿两口青锋宝剑，一脸怒气地站在那里。

红孩儿看见铁扇公主，喊道：“母亲救命！”

铁扇公主双眉紧锁：“我儿不要惊慌，为娘来也！”

铁扇公主用剑指着哪吒喝问：“小哪吒，我家与你往日无冤，近日无仇，为何追杀我儿？”

哪吒回答:“红孩儿独霸一方，鱼肉乡里，我奉命征讨!”

“我儿太小不懂事，看在我铁扇公主的面子上，饶我儿一回吧!”

“军令如山，哪吒不敢违抗军令!”

铁扇公主一听，气不打一处来:“好你个小哪吒，既然你如此不讲情面，就休怪我不客气了。看剑!”话到剑到，铁扇公主一剑刺来。

“养不教，父之过。你既如此无理，那我就奉陪到底!”哪吒说罢连忙举起乾坤圈抵挡，铁扇公主和哪吒战到了一起。

两人战了有二百来个回合，不分胜负。铁扇公主见一时半会儿取不了胜，急忙从衣服里取出一把小扇子。

木吒看在眼里，大叫:“留神，铁扇公主把芭蕉扇拿出来了!”

说时迟，那时快，铁扇公主喊了一声“变”，芭蕉扇迎风一晃，立刻变得硕大无比。

木吒吃了一惊:“哇!这芭蕉扇变成帆船啦!”

铁扇公主冷笑着说："你们站稳了！"她用芭蕉扇只扇了一下，就刮起了一股强劲的阴风。呼的一声，哪吒和木吒一下子就被风刮得飘向了远方。

哪吒在风中大叫："木吒，好大的风啊！我被风吹走了！"

木吒在风中飘飘忽忽："我也是！三弟，我站都站不稳……"

也不知在风中飘了多久，木吒好不容易才定住神，发现下方是一座长满椰子树的海岛。木吒忙一蹬脚，使劲抱住一棵椰子树。

木吒长吁一口气："妈呀，想不到我木吒有一天以这种方式乘风远航！"

这时的木吒已是饥肠辘辘，便敲了一个椰子充饥。吃着吃着，突然哪吒也被风刮来，落在椰子树上。

木吒惊讶地说："呀！我这个椰子还没吃完，你也刮来了。"

哥儿俩见面分外高兴，哪吒开玩笑说："我比你重，

晚来了一会儿。”

木吒摘下一个椰子递给哪吒：“你先吃一个椰子，压压惊。”

哪吒接过椰子，问：“咱俩被那妖风刮出了多远？”

木吒掏出电子表看了一眼：“我记了一下时间，我飞到这儿用了7分30秒，你用了9分30秒。你比我多用了2分钟。”

“哇！咱俩飞行的速度够快的！”

“我比你飞得还快，我比你每秒钟快了20千米。”木吒问，“有这几个数据，能算出咱俩飞了多远吗？”

哪吒想了想：“可以。设咱俩飞行的距离为S千米，你用的时间是7分30秒。7分30秒换成秒就是450秒，你的飞行速度就是$\frac{S}{450}$。我用了9分30秒，也就是570秒，我的飞行速度就是$\frac{S}{570}$。你比我每秒钟快了20千米，咱俩的速度差是

$$\frac{S}{450}-\frac{S}{570}=20\text{（千米／秒）。”}$$

木吒催促："你快算出结果吧！"

哪吒接着往下算，他说："你看，算出来了。咱俩飞了四万二千七百五十千米。"

$$\frac{570-450}{450\times570}S=20$$

$$\frac{120}{256500}S=20$$

$$S=42750$$

木吒一摸脑袋："我的妈呀！铁扇公主只扇了一下，就把咱俩扇出了四万多千米，这要是多扇几下呢？"

哪吒摇摇头："咱俩就到火星上玩去喽！"

哪吒一拉木吒："走，我带你回去，继续和铁扇公主斗！"

木吒摆摆手："不成啊！她一摇芭蕉扇，咱俩还得回来。"

"说得也是。"哪吒拍了一下脑门儿，"唉，我听父王说过，要想战胜芭蕉扇，必须找到'定风丹'！"

木吒说："那定风丹只有牛魔王才有，咱们找牛魔

王去。”

“对，咱俩去找牛魔王！”哪吒和木吒腾空而起。

数学高手

行程问题

火车过桥、流水行船、沿途数车、环形行程、多人行程等都属于行程问题。行程问题无论怎么变化，都离不开“三个量，三个关系”。三个量是指路程、速度和时间，三个关系是指：

简单行程：速度 × 时间 = 路程；

相遇问题：速度和 × 时间 = 路程和；

追及问题：速度差 × 时间 = 路程差。

试一试

甲乙两人同时从相距 36 千米的 A、B 两城同向而行，乙在前，甲在后，甲每小时行 15 千米，乙每小时行 6 千米。几小时后甲可追上乙？

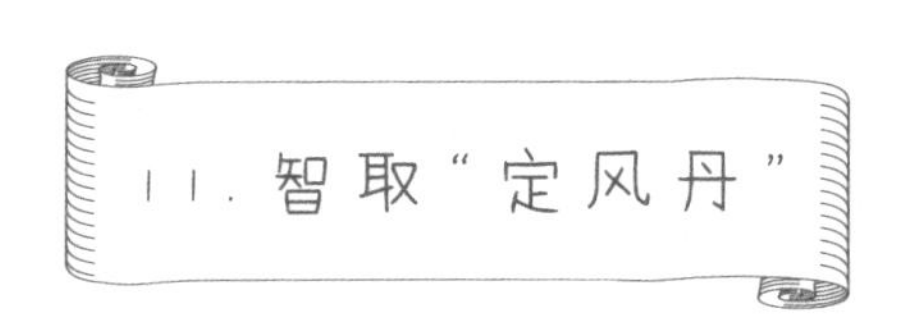

11.智取“定风丹”

说话的工夫，哪吒和木吒就来到翠云山的芭蕉洞。

木吒提醒哪吒：“三弟，牛魔王知道咱们正和红孩儿打仗，咱俩就这样去要定风丹，他肯定不会给呀！”

“你说的对！直接去要，肯定不会给。”

“那怎么办？”

哪吒双手一拍：“有主意啦！我变作红孩儿，你变作红孩儿的手下干将快如飞。他亲儿子要，他不会不给吧！”

“好主意！”

说变就变，木吒一个转身，说声“变”，立刻变成了快如飞。那边哪吒也变成了红孩儿，然后俩人大摇大摆地朝芭蕉洞走去。

守门的小妖一看红孩儿来了，不敢怠慢，忙笑脸相迎：“圣婴大王回来了，快里面请！”

牛魔王听说红孩儿回来了，也迎了出来："儿啊，你娘支援你去了，你怎么回来了？和哪吒打得怎么样？"

哪吒向上一抱拳："我娘的芭蕉扇果然厉害！只一扇，就把哪吒和一半的天兵天将扇得无影无踪。"

"哈哈，让他们尝尝芭蕉扇的厉害！既然得胜，你回洞干什么？"

"虽说天兵天将被扇走了一半，可是我手下的士兵也被扇走了一半！"

"嘿嘿！"牛魔王乐得浑身的肉都哆嗦，"芭蕉扇可不认人，谁被扇了都会没影的。"

"我娘这次特派我回来取定风丹，娘说把定风丹给我的手下含在嘴里，就不怕芭蕉扇了。"

"你娘让你取多少定风丹？"

"有多少拿多少，多多益善！"

"嗯？多多益善？"牛魔王产生怀疑，"我先来算算家里还有多少定风丹。"

牛魔王掰着手指头开始算："家中的定风丹原来装在

9 个宝盒中。这 9 个宝盒中分别装有 9 丸、12 丸、14 丸、16 丸、18 丸、21 丸、24 丸、25 丸和 28 丸。”

哪吒一吐舌头：“哇，有这么多呀！我都拿走。”

“不过——”牛魔王眼珠一转，“前天覆海大王蛟魔王拿走了若干盒定风丹。昨天混天大王大鹏魔王又拿走若干盒，最后只给我剩下了 1 盒。我还知道蛟魔王拿走的定风丹的个数是大鹏魔王的两倍。”

哪吒忙问：“你留下的这盒里有多少丸定风丹？”

牛魔王摇摇头：“我没数，我也不知道。”

哪吒往前紧走一步：“让我来算算。假设大鹏魔王拿走的定风丹数为 1。”

听到 1，牛魔王连连摇头：“不，不，大鹏魔王拿走的定风丹数绝不是 1 丸，也绝不止 1 盒。”

哪吒解释说：“我这里说的 1 既不是 1 丸，也不是 1 盒，而是 1 份。这样，蛟魔王拿走的定风丹数就应该是 2 份。因此，蛟魔王和大鹏魔王拿走的定风丹的总数应该是 3 的倍数。”

木吒在一旁搭腔："对！"

牛魔王问："怎么才能知道我剩下的这盒里有多少定风丹？"

哪吒解释说："您别着急啊！这9盒定风丹的总数是 9+12+14+16+18+21+24+25+28=167，然后总数167被3除，商55余2，即

$$167 \div 3=55 \cdots\cdots 2。"$$

"你又除又商的，玩什么把戏？"牛魔王有点晕。

哪吒可不晕，他说："我前面说啦，两位大王共拿走了8盒定风丹，他们的总数可以被3整除。可以被3整除，说明这个总数被3除，余数应该是几呢？"

牛魔王用手在自己的脑门上"啪、啪、啪"狠命拍了3下，结果还是摇摇头。

哪吒心想："你就是把脑袋拍烂了，也回答不出来。"

哪吒心里虽然这样想，嘴上却说："我知道，这么简单的问题，不值得大王来回答。"

牛魔王赶紧顺坡溜："对、对，这么简单的问题，哪

用得着我回答？快如飞，你说！”

“是！”木吒说，“如果能被3整除，余数就是0呀！可是加上您留下的这盒之后，余数却变成了2，这又是为什么？”

牛魔王眼珠一转：“这个问题更简单，更不值得我回答。”

哪吒连连点头：“对、对，我来回答。那一定是您留下的那盒定风丹的数，被3除后，余2呗！”

牛魔王装腔作势地点点头：“对、对，余数是2。”

“父王真是聪明过人！”哪吒说：“9、12、14、16、18、21、24、25和28这9个数中，被3除余2的只有14。这么说，父王手里还有14丸定风丹。”

牛魔王嘿嘿一笑：“真让你猜对了。”

哪吒一伸手：“父王，快把定风丹交给我吧！”

牛魔王拿出一个盒子：“这里有14丸定风丹，我儿拿走，快去作战吧！”

“谢父王！”哪吒双手接过定风丹。

数学高手

和倍问题

已知两个数的和与它们之间的倍数关系，求两个数分别是多少，属于和倍问题。可先假定已知条件中的小数为“1 份”，求出其他数是“1 份”的几倍。也可以根据题目中所给的条件画出线段图，使数量关系一目了然。如果有余数，一定要在求和的时候加上余数。如故事中，蛟魔王和大鹏魔王拿走的和是3的倍数，而总数除以 3 还余 2，那么剩下的一定是被 3 除余 2 的数。

和倍问题的基本数量关系是：

和 ÷（倍数 +1）= 小数；

小数 × 倍数 = 大数；

如果题目中有三个或多个数的和，或者没有明确说明倍数关系，要设法先求出来，才能转化成和倍问题来解答。

试一试

两个自然数相除，商是 4，余数是 1。如果被除数、除数、商以及余数的和是 56，那么被除数等于多少？

出了芭蕉洞，哪吒和木吒恢复了原形。

哪吒高兴极了："哈哈，有了定风丹，咱们就不怕芭蕉扇了！给，咱俩先一人含一丸。"

"好！"木吒把定风丹扔进了嘴里，哪吒也含了一丸，然后拿着盒子直奔前线。

来到阵前，哪吒大叫："铁扇公主听着，我已取得了定风丹，再也不怕你的芭蕉扇了！有本事你尽管扇呀！"

"什么？你弄到定风丹啦？"铁扇公主半信半疑，"让我来试试！"

"嗨！嗨！嗨！"铁扇公主扇动起芭蕉扇，连续扇了几下。

刹那间，只听得呜的一声怒吼，狂风突起，风力强大无比。哪吒和木吒立刻被吹上了天。

哪吒大叫："哇！这定风丹怎么不管用啊？"

木吒说："牛魔王骗了咱们，给咱俩的定风丹是假的。"

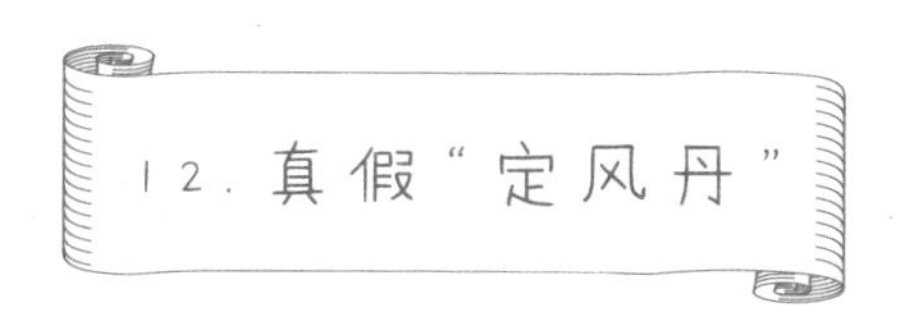

12. 真假“定风丹”

哪吒和木吒飘荡了好半天，木吒先落了地。过了不久，哪吒也到了。哪吒和木吒汇合到一起。

“二哥，铁扇公主把咱们扇到哪儿去了？”

“可能是绕着地球转了N圈——牛魔王竟然用假定风丹骗咱们！”

“太可恶了，走，找牛魔王算账去！”哪吒拉起木吒就走。

哪吒和木吒又来到翠云山的芭蕉洞，哪吒将手中的乾坤圈狠命朝洞门砸去，只听咚的一声，把洞门砸得裂了一道口子。

哪吒大喝：“该宰的老牛，你竟敢用假定风丹骗你家小爷，还不快快出来受死！”

忽听哗啦一声，洞门大开，牛魔王骑着辟水金睛兽，头戴熟铁盔，脚踏麂皮靴，腰束三股狮蛮带，手提一根混铁棍，杀了出来。

牛魔王指着哪吒哈哈大笑：“小娃娃，你还嫩得很哪！牛爷爷略施小计，就把你给骗了，这次让我妻把你俩扇到天涯海角了吧！哈哈哈！”

哪吒怒从胸中来，左手一指牛魔王：“该宰的老牛，快拿你的牛头来！杀！”哪吒舞动乾坤圈，杀了

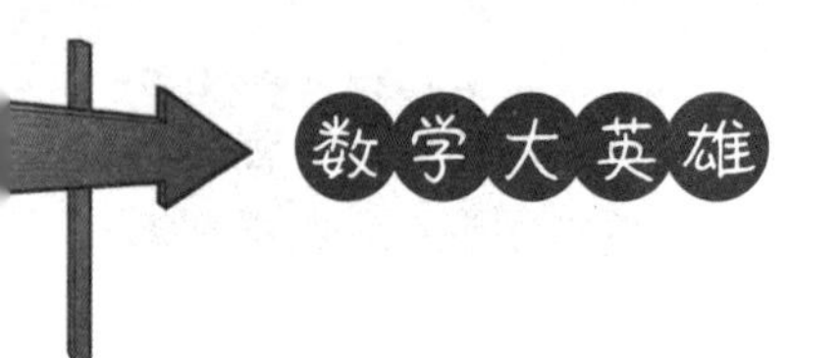

上来。

“想吃我的牛肉？做梦去吧，杀！”牛魔王举棍相迎。

突然，红孩儿从洞里飞了出来：“父王，你对付哪吒，我来解决木吒！”说完挺枪直奔木吒杀去。

木吒大吃一惊：“哇！红孩儿什么时候跑到这里来啦？”

红孩儿气势汹汹，挺着一丈八尺长的火尖枪直取木吒。木吒抡起铁棍相迎。两人你来我往，杀在了一起。

这时金吒听到消息，也领着一队天兵天将赶来了。“天兵天将，上！”哪吒一声令下，天兵天将把牛魔王和红孩儿团团围住。

“杀！杀！”天兵天将奋不顾身地往前冲。

红孩儿看天兵天将人数众多，边打边回头对牛魔王说：“父王不好，咱俩被包围啦！怎么办？”

牛魔王把手一挥：“快撤回洞里！”

牛魔王和红孩儿杀出一条血路，跑回洞里，咣当一声把洞门关紧。

哪吒在外面大喊：“牛魔王，快把定风丹交出来！”

牛魔王在里面喊：“哪吒，你不是要定风丹吗？你等着，我扔给你！”

这时洞门打开了一道缝，牛魔王在里面喊：“这是定风丹，接住！”

嗖的一声，从里面扔出一粒红色大药丸。哪吒答应：“好的！”刚想去接，一旁的木吒拦住了他：“别接，小心有诈！”

木吒话音刚落，只听轰的一声巨响，红色药丸在空中突然爆炸了。幸亏哪吒没去接红色药丸，否则非炸个粉身碎骨不可。

哪吒倒吸一口凉气：“哇，真危险啊！”

牛魔王在洞里哈哈大笑：“小哪吒，你不是说定风丹多多益善吗？接住，这都是定风丹，哈哈！”说着牛魔王从洞中连续扔出红色、黄色、绿色、黑色、白色药丸，各色药丸相继在空中爆炸，“轰！”“噗！”“哔！”有的药丸爆炸后，发出极臭的气味，有的发出耀眼的光芒。

木吒捂着鼻子："臭死啦！这里面除了炸弹，还有毒气弹、强光弹！"

哪吒怒目圆睁，往洞里一指："该杀的牛魔王，你说话不算数！"

"我说话怎么不算数啦？"牛魔王从洞里探出头来，"我扔的各色药丸是有规律的，接下来的药丸里面真有一个定风丹。"

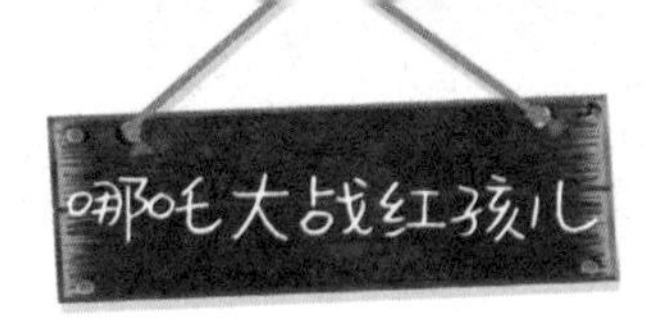

哪吒问："哪个是真的定风丹？"

"第 14 轮的最后一个药丸就是真的定风丹。"

哪吒皱起眉头："谁知道哪个是第 14 轮的最后一个药丸？"

木吒在一旁搭话："三弟，我仔细观察了牛魔王扔出各色丸的规律。它们是 5 个红的、4 个黄的、3 个绿的、2 个黑的、1 个白的。就是说每一轮，也就是一个周期有 5+4+3+2+1=15 个药丸。"

哪吒点点头："这么说，14 轮共扔出 15×14=210 个。最后一个药丸就是第 210 个。"

"对，这第 210 个应该是白色的药丸。"

这时牛魔王喊道："看好了，我按着规律开始扔啦！"接着"嗖、嗖、嗖"各色药丸从洞中鱼贯飞出。

木吒一边看着飞出来的各色药丸，一边数："1，2，3，……，198，199，200，……，210。"

当木吒数到 210 时，哪吒飞身接住了白色的药丸："嗨！定风丹哪里跑！"

数学高手

周期问题

若事物按一定的顺序和规律反复出现，就是周期问题。解决周期问题，关键是仔细审题，根据重复出现的规律，找出周期是多少。确定周期后，用要求解的数字除以周期，如果整除，那么结果为周期中最后一个数；如果有余数，那么结果就是周期中“余数”对应的那个数。故事中，一个周期有 15 个药丸，210÷15=14，这是周期的整数倍，那第 210 个药丸就是白色的。

试一试

流水线上生产小木球的涂色顺序是：先是 5 个红球，再是 4 个黄球，再是 3 个绿球，再是 1 个白球，然后依次是 5 红、4 黄、3 绿、1 白循环下去，请问第 2011 个小球是什么颜色的？

哪吒拿到定风丹后立刻飞回两军阵前，他大声喝道：“铁扇公主，你三太子又回来了，快快出来受死吧！”

铁扇公主心中纳闷：“这哪吒怎么这样快就回来了？这次我要多扇他几扇子，把他扇到天涯海角去！”

铁扇公主来到阵前，也不搭话，抡起芭蕉扇冲着哪吒“呼、呼、呼”连扇了十几下。

令铁扇公主奇怪的是，扇了这么多下，哪吒硬是纹丝不动。

“扇的次数不够？”铁扇公主钢牙紧咬，抡起芭蕉扇冲着哪吒“呼、呼、呼”又扇了十几下。

“哈哈，铁扇公主，你累不累呀？”说着哪吒从怀中掏出定风丹，“你来看看这是什么？”

铁扇公主一看是定风丹，大惊失色：“啊，你拿到定风丹了？”

哪吒点点头：“你刚才试过啦，这定风丹不是假的吧？”

铁扇公主沉思良久，她深知没有芭蕉扇的威力，他们一家肯定不是天兵天将的对手。她长叹一口气，扔掉手中的青锋宝剑，跪倒在地，缓慢地说：“三太子既然拿到了定风丹，我认输。”

哪吒说：“你早该如此！”

铁扇公主抬起头说：“请三太子饶我儿一次，我将把他带在身边，严加看管！”

这时，牛魔王和红孩儿也同时赶到，双双跪地求饶：“请三太子高抬贵手！”

哪吒看他们一家三口同时跪倒在地上，心有不忍，就对牛魔王和铁扇公主说：“也罢，念你们年龄也不小了，膝下只有红孩儿一子，这次饶了红孩儿，下次再敢祸害百姓，定杀不留！众将官，班师回朝！”

13. 宝塔不见了

时间过得飞快，一晃十年过去了。

在这十年中，红孩儿一刻不曾忘记败在哪吒手下的奇耻大辱，他发誓要报仇。

一天清早，托塔天王李靖洗漱完毕，准备上朝，突然发现自己手托的宝塔不见了。李天王大惊失色，宝塔乃无价之宝，是他权力的象征，宝塔丢了，可怎么见人哪！李天王急得直冒冷汗，暗想：谁这么大胆，敢偷走我的宝塔？

此时，一名天兵匆匆来报："报告天王，今天早上在您的书案上发现了四个小金盒，还有一封信。"

"快去看看。"托塔天王疾步走出卧室。此事也惊动了金吒、木吒和哪吒三位太子，他们也跟着父王奔向书房。

书案上果然摆着四个金光闪闪的盒子，从外表看，四个盒子一模一样。盒子下边压着一封信。托塔天王拿起信一看，只见上面写道：

玩铁塔的老头儿：

你的铁塔，我拿去玩玩。三天之内赶紧来我处取。

过了三天，我就卖给收废品的小贩了。你的铁塔还有点分量，估计能卖几个钱。

你现在最发愁的是不知道我是谁。告诉你吧，答案就在这四个小盒子上。这四个小盒子从外表看都是金色的，但里面的颜色各不相同，分别是黑色、白色、红色和绿色。你只有打开里面是红色的那只盒子，才知道我是谁。如果打开的是别的颜色的盒子，那就不好啦！到时轰的一声，你们就全都完蛋了。哈哈，好玩吗？

知名不具

看完这封信，李天王气得哇哇直叫："哪来的大胆毛贼，敢叫我李天王为玩铁塔的老头儿！真是气煞我也！"

金吒圆瞪双眼："还敢把父王的宝塔卖给收废品的，他吃了熊心豹子胆啦！"

还是木吒沉得住气，他说："当务之急是把偷宝贼确定下来。"

李天王和三位太子围着书案转了三圈，把四个小盒左左右右看了个仔细，可是谁也没看出来哪个小盒里面

是红色的。

正当大家一筹莫展的时候，哪吒突然说："看看盒子底下有没有什么东西？"

木吒立刻把四个小盒倒了个个儿，果然小盒底部都有字：从左到右四个盒子下分别写着"白"、"绿或白"、"绿或红"、"黑或红或绿"。其中一个小盒子的底部用芝麻大的字写着："这里没有一个盒子写的是对的。"

李天王大怒："没有一个写得对，说明都是骗人的鬼话！假话还写了干什么？"

金吒挥舞着拳头，吼道："这小贼是成心耍咱们，捉住他，我要把他碎尸万段！"

"虽说都是假话，但我们也能分析出，哪个盒子里面是红色的。"哪吒的这番话，使大家都很惊奇。

金吒好奇地说："三弟，你给大家分析一下。"

哪吒说："既然四个小盒底部写的都是假话，那么最右边的盒子里面肯定是白色的。"

"为什么？"

“最右边的盒子的底部写着‘黑或红或绿’，而这是假话，说明盒子里面既不是黑色的，也不是红色的，更不是绿色的。你们说这个盒子里面真正的颜色应该是什么？”

大家异口同声回答：“应该是白色的。”

“嘻嘻！”哪吒笑着说，“这就对了嘛！”

“往下怎样分析？”

“再分析右数第二个盒子。”哪吒说，“这个盒子的底部写着‘绿或红’，既然这是假话，真的就可能是白或黑。”

木吒抢着说：“最右边的盒子里面肯定是白色的了，这个盒子里面应该是黑色的。”

金吒也不甘落后，他说：“左数第二个写着‘绿或白’，这是假话，真话应该是‘黑或红’，而黑色已经有了，所以它里面必然是红色的。嘿！里面是红色的盒子找到了。”

数学高手

逻辑推理

解决逻辑推理问题，要从许多已知条件中找出关键条件作为推理的突破口。有时候可以直接推理，有时候需要用到排除法或者假设法。复杂的情况下，也可以通过列表等方法进行推理。

试一试

甲、乙、丙三人分别是一、二、三年级的学生，分别获得跳高、跳远和乒乓球冠军。已知：二年级的是跳远冠军；一年级的不是乒乓球冠军；甲不是跳远冠军；乙既不是二年级的，也不是跳高冠军。请问他们三个分别是哪个年级、哪项冠军的获得者？

托塔天王拿起左数第二个盒子，打开一看，里面装着一个木头刻的光屁股小孩。李天王皱着眉头问："装个

光屁股小孩，是什么意思？”

没有一个人答话。突然，哪吒说道：“我给大家出个谜语——用红盒子装小孩，打一人名。”

大家你看看我，我看看你，半天没人说话。

“红孩儿！”还是木吒抢先说出了谜底。

听到红孩儿三个字，李天王倒吸了一口凉气：“怎么又是他！”

李天王习惯性地举起右手，按照以往的习惯，右手是托着宝塔的，举起宝塔就是要下令发兵。现在宝塔丢了，举起右手也没用了。“唉！”李天王深深叹了一口气。

哪吒见状，上前一步：“父王，不要生气。待儿点齐三千天兵天将，直捣枯松涧火云洞，掏那红孩儿的老窝，抓住红孩儿，夺回宝塔。”

李天王苦笑着摇摇头：“宝塔乃玉皇大帝赐予我发兵的信物，如今我连宝塔都丢了，如何点齐三千天兵天将？”

木吒一抱拳："父王，不发兵也无妨，派大哥、我、三弟前去，也定能将宝塔夺回。"

三位太子一起跪倒在地："请父王下令！"

"唉！也只好如此了。"李天王命令，"仍命哪吒为先锋官，带领金吒、木吒，捉拿红孩儿，夺回宝塔，不得有误！"

“得令！”哪吒带领两个哥哥，走出书房。

“唉！”金吒叹了一口气，“想上次讨伐红孩儿，有巨灵神、大力金刚、鱼肚将、药叉将等众天将相助，有万名天兵相随，是何等的威风。今日，只有咱们兄弟三人，形单影只，今非昔比喽！”

哪吒安慰说：“咱们哥儿仨还斗不过一个红孩儿？大哥放心吧！”说完三人腾空而起，直奔枯松涧火云洞。

说话间兄弟三人来到枯松涧火云洞，哪吒一指洞门，高喊：“红孩儿听着，你盗走我父王的宝塔，快快还来！念你修行多年不易，可以从轻处理。如果一意孤行，定杀不赦！”

哪吒叫了半天，洞门紧闭，里面一点儿动静也没有。

木吒摇摇头，说："怪了，按红孩儿的脾气，你在洞外一喊他，他会立马出来和你玩命。今天怎么这么安静？是不是搬家啦？"

话音刚落，只听洞里"咚、咚、咚"三声炮响，哗的一声，洞门大开，一群小妖涌了出来。领头的还是红孩儿的六大干将。这六个草包还是那副怪里怪气的模样，嘴里依然"叽里呱啦"不停地说着："哇！又来送好吃的了。"当他们看清站在外面的只有哪吒兄弟三人时，就不满意了："就来了三个，不够分的呀！"

哪吒用手一指："你们这些小妖出来干什么？快让红孩儿出来受死！"

云里雾嘿嘿一笑："对不起，三位太子来晚了，我家圣婴大王刚走。"

"去哪儿了？"

"大王临走前关照我们说，他要去熔塔洞，把刚刚拿到的李天王的宝塔熔成铁块。"

“哇呀呀！”听了云里雾的话，金吒气得哇哇直叫，他指着云里雾的鼻子问道：“红孩儿不是说三日后再卖给收废品的，怎么今天就要把宝塔熔掉？”

云里雾一本正经地回答：“对呀！我家大王没说今天去卖宝塔呀，他是先把宝塔熔成铁块，然后再卖给收废品的。”

一听说红孩儿要把宝塔熔掉，兄弟三人全急了，“哇呀呀！”各挺兵器向红孩儿的六大干将杀去。这六个草包深知哪吒的厉害，转头就往洞里跑，边跑边喊：“快跑呀！晚了就没命了！”小妖只恨爹娘少给自己生了两条腿，一路狂奔。

哪吒举起斩妖剑，只一抡，小妖就倒下一大片。六大干将跑进洞里咣当一声，把洞门关上。

金吒正杀得兴起，嘴里喊着“赶尽杀绝，还我宝塔”，就要往洞里冲。

“大哥！”木吒一把拉住了金吒。

金吒急了：“为什么不让我冲？”

木吒解释道："咱们这次出来是为了找回父王的宝塔，并不是为了消灭小妖。如果和小妖纠缠时间过长，会耽误咱们的正事。"

金吒点点头，问："你相信红孩儿不在洞里？"

哪吒坚定地说："我可以肯定！如果红孩儿在洞里，按他的脾气，早就冲出来了。咱们当务之急是赶紧找到熔塔洞，把父王的宝塔夺回来。"

但是熔塔洞在哪儿呢？三人你看看我，我看看你，谁也不知道。

三人正在着急，忽然听到"嘻嘻哈哈"的欢笑声，寻声望去，只见四个穿红衣服的小孩连蹦带跳地走了过来。四个小孩长得一般高，年龄差不多，长相也很相似。

金吒剑眉倒竖："看，四个红孩儿！"

哪吒一摆手："不能一看见穿红衣服的小孩，就认为他们是红孩儿。"

哪吒紧走几步，来到四个小孩的面前："我说小娃娃，向你们打听一个地方。"

四个小孩上下打量了哪吒一番："你叫我们娃娃，你也不大呀！"

哪吒笑了笑："我再不大，也比你们大得多呀！能告诉我你们几岁了吗？"

其中一个小孩说："那就看你够不够聪明了。我们四个是一个比一个大 1 岁，我是老二。我今年的岁数加上明年的岁数，再加上去年的岁数，其和与去年岁数的比是 24∶7。好了，现在你算算我们四个都多大啦？"

"呀！还考我数学？"哪吒并不怕他们考数学，"我用方程来解——只要算出你老二的岁数，由于你们一个比一个大 1 岁，其他三个人的岁数自然也就知道了。"

老二撇着嘴说："不用说你怎么解，解出来才算数呢！"

哪吒边说边写："我设你今年的岁数为 x，则你明年的岁数就为 $x+1$，而去年的岁数就是 $x-1$。根据 3 年的岁数之和与去年岁数的比是 24∶7，可以列出方程

$$(x+x-1+x+1):(x-1)=24:7$$。"

老二问："往下怎么做？"

"你别着急呀！"哪吒说，"我把这个方程解出来：

$$3x:(x-1)=24:7$$

$$3x\cdot 7=24\cdot(x-1)$$

$$21x=24x-24$$

$$3x=24$$

$$x=8$$。"

"哈，算出来了，你的岁数是 8 岁，你们四个的年龄依次是 6 岁、7 岁、8 岁和 9 岁。对不对？"

四个小孩一起点头："对，你还真有两下子！不过，你得告诉我们，你几岁啦？"

"哈，我的岁数可大啦！"哪吒做了一个鬼脸，"我的年龄比你们年龄的乘积还要大得多！"

"骗人！"四个小孩同时瞪大了眼睛，"你看起来明明像个小娃娃——别人都说我们四个是吹牛大王，没想到你比我们四个还能吹。不过，我们喜欢爱吹牛的人，所以，你想问什么就问吧！"

数学高手

设未知数列方程

列方程既可用等量关系，也可用等比关系，故事中列方程用的就是等比关系。设未知数列方程，有直接法和间接法两种方法，要根据题意和不同情况，灵活选择未知量 x。需要注意设的这个未知数是中间量还是最后结果。如果是中间量，还要进一步求解，得出最后结果。

试一试

小明、小君、小锋三人的年龄是三个连续的整数，其中，最小的数的3倍加上中间数，再加上最大数的2倍，和是71，请问他们三人的年龄各是多少？

哪吒眼珠一转，问：“你们四个人都叫什么名字？”

“我叫小小红孩儿。”

“我叫红小孩儿。”

“我叫红孩小儿。”

“我叫红孩儿小。”

“哇，绕口令呀！”哪吒又问，“去熔塔洞怎么走？”

小小红孩儿说：“去熔塔洞呀，跟我们走！”

四个小孩在前面带路，哪吒兄弟三人跟在后面。在山里转了几个圈，他们来到一个洞口。

小小红孩儿回头说：“熔塔洞到了，跟我们进去吧。”四个小孩随即进了洞，哪吒兄弟三人也跟了进去。

走着走着，突然红孩小儿蹲下来系鞋带。哪吒和金吒没在意，继续跟着另外三个小孩往前走。木吒是个细心人，他在一旁偷偷看着红孩小儿。红孩小儿系好鞋带后，紧走几步追赶前面的伙伴去了。木吒等他走后仔细观察红孩小儿蹲过的地方，突然发现那里有一个小纸团。木吒捡起纸团，顺手装进口袋里。

走着走着，四个小孩突然不见了。哪吒低声说了一句：“不好！我们上当啦！”话音刚落，只听呼的一声，四周同时燃起熊熊大火，把哪吒兄弟三人困在了中间。

这时传来一阵阵小孩得意的笑声："哈哈，哪吒你不是要找熔塔洞吗？这回要把你们哥儿仨都熔了！哈哈……"

哪吒高声问："你们究竟是什么人？"

回答是："我们是圣婴大王红孩儿新收的四个徒弟，人送绰号'四小红孩儿'。"

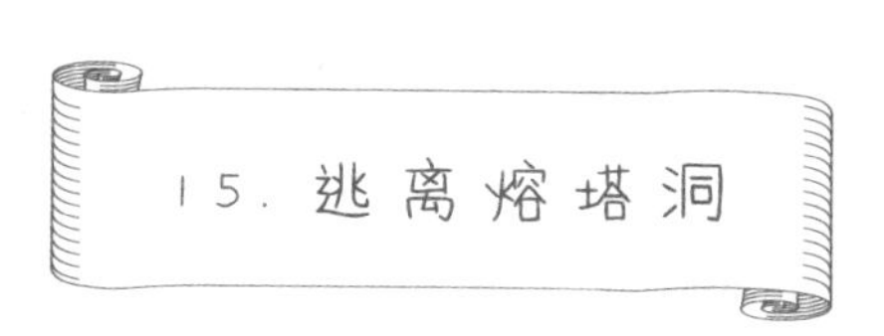

15. 逃离熔塔洞

哪吒兄弟三人被困在熔塔洞的大火之中，因为三人都有法力，在大火中一时还没有生命危险，但是时间长了也不成。

哪吒紧皱眉头说：“一定要冲出去，咱们分头去找出口。”

“好！”金吒和木吒答应一声，分头走开。

金吒往西在烈火中左冲右突，寻找着出口。突然，他看见了一个洞口，心中一喜，赶紧朝洞口走去。刚接近洞口，呼的一声，一股烈焰从洞口喷出，吓得金吒一个空翻，逃离了洞口，可是把鞋烧坏了半只。

“好险！”金吒心有余悸地拍拍胸口，然后继续寻找出口。咦，那边还有一个洞口，呼的一声，又是一股烈焰从洞口喷出。他赶紧低头，让烈焰从头上飞过，可惜还是慢了半拍，头发被烧焦了一大把。

兄弟三人又聚集在一起。

金吒说："洞里有许多小洞，我一靠近洞口，小洞里就喷出烈火。你们看，我的头发和鞋都烧坏了。"

哪吒说："我数了一下，小洞一共有 8 个，而且洞口都写有从 1 到 8 的编号。"

木吒突然想起什么似的，忙从口袋里掏出一张纸条："这张纸条可能会帮助咱们脱离险境。"

哪吒忙问：“哪儿来的？”

木吒说：“是四小红孩儿中，那个叫红孩小儿给咱们的。”

金吒催促：“快念念！”

木吒读道：“想逃离熔塔洞吗？先把下面的题目解出来——将1、2、3、4、5、6、7、8这8个数分成3组，每组中数字个数不限。要求这3组的和互不相等，而且最大的和是最小的和的2倍。找到写有最小的和的洞口，那就是你们的生路。”

金吒紧皱双眉：“8个数分成3组，每组中数字个数又不限，这怎么分呢？”

“可以这样来考虑。”哪吒说，“先从1到8做加法，求出它们的和。”

“我来求。”金吒列出算式：

$$1+2+3+4+5+6+7+8=36$$

哪吒接着分析：“和是36。题目要求把这8个数分成和互不相等的3组，所以我们可以这样来考虑，把最

小和看作 1。”

金吒问：“看作 1 是什么意思？是找 1 号洞口吗？”

“不是。这里的 1 就是 1 份的意思，这 1 份是多少现在还不知道。”哪吒解释，“由于最大的和是最小的和的 2 倍，所以最大的和就应该是 2。”

“这 2 就是两份的意思，这个我知道。”金吒非常爱动脑筋，“可是中间那组的和应该是几呢？”

木吒也问：“是啊，中间那组的和应该是几呢？”

哪吒说：“中间那组的和应该在 1 和 2 之间，具体是几现在还不知道。”

金吒和木吒一起摇头：“什么都不知道，这没法算。”

“有办法算！”哪吒十分有信心，“我暂时把中间那组的和看作 1，做个除法：

$$36\div(1+1+2)=36\div4=9$$

然后，又把中间那组的和看作 2，做个除法：

$$36\div(1+2+2)=36\div5=7.2$$

这说明最小的和大于 7.2，又小于 9，还必须是整数，你们说最小的和应该是几？”

金吒和木吒异口同声地回答：“是 8。”

“妙，妙！”金吒竖起大拇指夸奖说，“三弟的算法实在是妙！最大的和是 16，而中间那组的和是 36−8−16=12，是 12。”

数学高手

和倍应用题

解答和倍问题，要先在已知条件中确定一个数为标准（一般以最小的数作为标准），假定小数是 1 倍或 1 份，再根据其他几个数与小数的倍数关系，确定总和相当于 1 的多少倍，用除法求出最小的数，最后再算出其他的数。

试一试

学校体育室有篮球和足球共 36 个，篮球的个数是足球的 3 倍，请问两种球各有多少个？

哪吒一挥手："走！咱们从 8 号洞口往外冲！"

"走！"兄弟三人顺利地从 8 号洞口冲出了熔塔洞。

出了熔塔洞哪吒却发了愁，他说："咱们是来找父王宝塔的，可现在折腾了半天，连红孩儿的影儿还没看到呢！"

金吒双手一拍："说得是呀！咱们让四小红孩儿牵着鼻子走了。这四小红孩儿比红孩儿还坏！"

"不一定。"木吒小声说，"这四小红孩儿中，那个叫红孩小儿的可能是一个好孩子。如果不是他给咱们留了一张纸条，咱们怎么可能顺利冲出熔塔洞？"

哪吒问："你能认出那个叫红孩小儿的来吗？"

木吒摇摇头："不好说，四小红孩儿长得实在太像了。不过，这个小孩要想帮咱们，就不会只帮咱们一次。咱们在周围找找，看看他还留下什么暗示没有。"

兄弟三人在周围仔细寻找。金吒找得最认真，连石头缝、树背后都不放过。突然，金吒指着一棵大树的树洞叫道："这里面有字！"

哪吒和木吒赶紧跑了过去。这是一个很大的树洞，

里面写了几行字：

你们被我们骗了！你们刚才进的不是熔塔洞，而是烧人洞。我师傅带着宝塔去了熔塔洞。要找到这个熔塔洞并不费事，只要朝正西的方向走一段路。这段路有多长呢？它等于下面 6 个方格中的数字之和：

□□□＋□□□＝1996（千米）

金吒摇摇头："这个小孩帮忙倒是帮忙，就是帮忙不帮到底，总出题考咱们。"

木吒笑着说："大哥知足吧！人家小孩够意思的了。再说，三弟数学好，这些题难不倒三弟。"

金吒指着算式说："这个问题可够难的！6 个方格中的数字，一个也不知道，还硬要求这 6 个数字的和。怎样才能求出每个方格里的数字呢？"

哪吒说："这里没有必要求出每个方格里的数字，只要求出和就成了。"

木吒问："从哪儿入手考虑呢？"

哪吒反问："二哥，你说哪两个数相加最接近 19 呢？"

“只有 9+9=18，最接近 19。”

“对！由于这两个三位数之和是 1996，所以可以肯定这两个三位数的百位数和十位数都是 9。”

“对！不然的话，和的前三位数不可能是 199。”

“两个个位数之和一定是 16。这样一来，6 个方格中的数字之和就是 $9 \times 4+16=36+16=52$。”

金吒高兴地说：“咱们要找的那个熔塔洞，只要朝正西的方向走 52 千米就可以找到。走！”

兄弟三人驾起云头，朝正西急驶而去。

数学高手

数字谜

解数字谜题一般采用猜想、拼凑、排除、枚举等方法，其中的关键是找准突破口。审题时，要认真找出算式中容易填出的或者关键性的空格作为突破口，然后根据四则运算法则、乘法口诀等，通过猜想、试验，求出答案。有时需估算、试算，要敢于尝试。计算时，不要忘记进位和退位，做完后，回头检查一下是否符合题目要求。

试一试

在方格中填入合适的数，使等式成立。

□8□□-3□16=3657

16. 操练无敌长蛇阵

哪吒兄弟三人驾云很快找到了熔塔洞。刚到熔塔洞上方，就听到下面传来“1——2——3——4”操练的声音。

哪吒手搭凉棚往下看，只见红孩儿手拿小红旗，指挥一群小妖正在操练阵式。

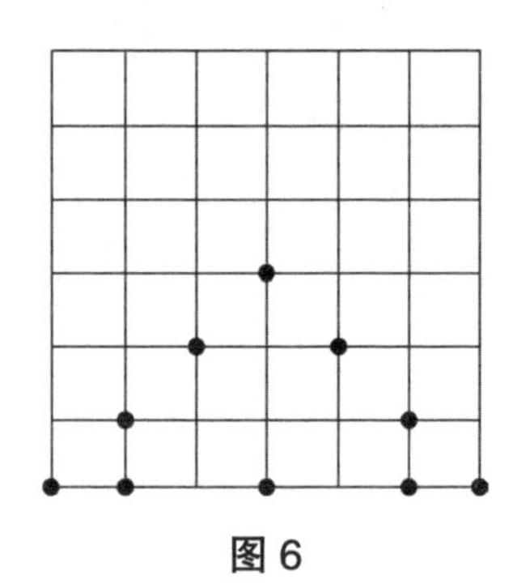

图 6

红孩儿在地上画出了一个 6×6 的方阵，然后让 10 名小妖组成一个三角形的式样站在方阵中（图 6）。

红孩儿的六大干将——云里雾、雾里云、急如火、快如风、兴烘掀、掀烘兴——率众小妖站在一旁观阵。

红孩儿对众小妖说："金吒、木吒、哪吒三兄弟不久就要杀将过来，我要用这个'无敌长蛇阵'来对付他们。"

众小妖振臂高呼："油炸金吒，火烤木吒，清炖哪吒！"

哪吒在云头微微一笑："胃口倒不小，吃咱们哥儿仨，还要分油炸、火烤、清炖三种不同的吃法。"

红孩儿摇动手中小红旗，让小妖安静下来："孩儿们听了，我要从你们当中选出一人当'无敌长蛇阵'的领队，这个人一定要智力超群。"

众小妖纷纷举手："我行！""我智力超群！""我如果身上粘上毛，比猴还精！"

"口说无凭，是骡子是马，拉出来遛遛！"红孩儿说，"阵中的10名弟兄，都站在交叉点处。谁能调动阵中的3名弟兄，使得调动后阵中的10名弟兄，站成5行，每行都有4名弟兄？"

听完红孩儿的话，小妖们你看看我，我看看你，没有一个吭声的。

哪吒一看时机已到，赶紧跳下云头，口中念念有词，冲快如风一招手。快如风犹如被强大的吸力吸引，身体不由自主地飘了过来。哪吒在他头上轻轻拍了一掌，快如风立刻晕死过去。哪吒摇身一变，变成了快如风，跑到小妖当中。

哪吒变成的快如风，高举右手，大喊："大王，我会调动！"

红孩儿扭头一看，是爱将快如风，十分高兴："快如风，你来试试。"

“快如风”在阵前一站，下达命令：“阵里的弟兄，听我指挥！”

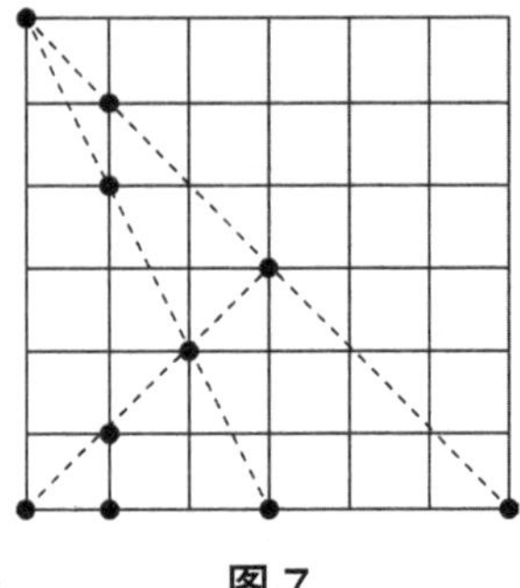

图 7

“快如风”只调动了 3 名小妖，就完成了任务（图 7）。红孩儿一数，果然那 10 名小妖站成了 5 行，每行都有 4 名小妖。

“好！我把指挥旗交给你。只要哪吒三兄弟陷入‘无敌长蛇阵’，我就会让他们有来无回！”红孩儿说完就把指挥旗交给了“快如风”。

“快如风”没有马上接旗，而是对红孩儿说：“大王，您先演示一下‘无敌长蛇阵’，我要看看它的威力。”

“好！”红孩儿一指雾里云，“你往‘无敌长蛇阵’里攻！”

“得令！”雾里云大喊一声“杀！”挺长枪就往“无敌长蛇阵”里攻。

红孩儿挥动手中的指挥旗往左一摇，阵中的小妖立刻闪开一条路，让雾里云冲进阵里。

数学高手

巧移棋子

故事中的题目可归类为移动棋子。做这种移动棋子的题目，首先认真观察题目中给出的已知图形，分析题目要求，然后从棋子多的行入手，减少相应的棋子加到棋子少的行，反复加减试验，最后找到符合要求的移法。做题时，最好在草纸上反复演算。

试一试

请你移动3个棋子，把左边的三角形变成右边的三角形。

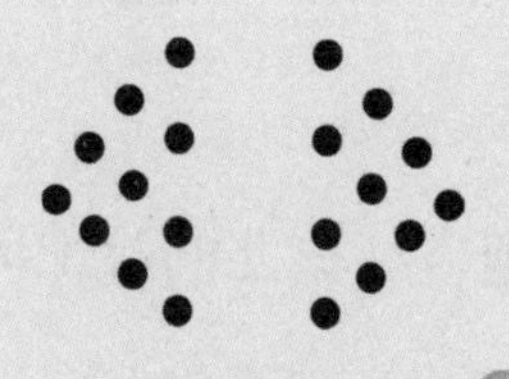

待雾里云冲到了阵中央，红孩儿把旗向右一摇，10名小妖立刻首尾相接，形成一条长蛇，弯弯曲曲把

雾里云缠在了中间。圈子越缠越小。小妖个个手执兵器，从各个方向朝雾里云进攻。雾里云顾得前来顾不了后，顾得左来顾不了右，身上多处受伤，可谓险象环生。

红孩儿把指挥旗往上一举，大喊一声："停！"阵中的小妖立刻停止了进攻。

"快如风"竖起大拇指："大王的'无敌长蛇阵'果然厉害，天下无敌！"

红孩儿嘿嘿一笑："俗话说'毒蛇猛兽'，我的'无敌长蛇阵'就是通过模仿毒蛇的缠绕战术，置敌于死地的！"

"快如风"突然问道："有没有破解'无敌长蛇阵'之法？"

听到这个问题，红孩儿的脸上闪过一丝惊讶，他迟疑了一下，说："天机不可泄漏！"

突然，被哪吒打昏的真快如风跑了过来。他捂着脑袋对红孩儿说："大王，刚才我被哪吒打昏了。"然

后一指哪吒变的快如风说："他是假快如风，是哪吒变的。"

"啊！？"红孩儿两眼立刻露出凶光，步步逼近哪吒，"你是哪吒？"

哪吒连连摆手："大王，不能只听他的一面之词，我是真的快如风。"

红孩儿眼珠一转，说："你们两人站在一起，让我闻闻你们身上的味道，就会真相大白。"

哪吒也不知道红孩儿葫芦里究竟卖的什么药，闻闻就闻闻呗！哪吒向前走了两步，和快如风站到了一起。

周围的小妖发出阵阵惊叹声："哇！两个快如风长得一模一样呀！"

红孩儿先走到哪吒变的快如风旁边，用鼻子仔细闻了闻。然后又走到真快如风身旁，用鼻子只闻了一下，立刻用手指着哪吒变的快如风大喊："他是假的，快给我拿下！"

听到命令，红孩儿的六大干将立刻率众小妖把哪吒

团团围住。

哪吒喊了一声："变！"立刻恢复了原形。哪吒根本没把这群气势汹汹的小妖放在眼里，他问红孩儿："奇怪了，你怎么能用鼻子分出真假？"

红孩儿嘿嘿一笑："快如风是个狐狸精，他身上的臊味特别大，老远就能闻出来。"接着他把右手的指挥旗一举："杀！"

“杀！”六大干将各执手中兵器，一齐朝哪吒杀来。哪吒抖动肩膀，大喊一声：“变！”立刻变成了三头六臂。哪吒六只手拿着的斩妖剑、砍妖刀、缚妖索、降妖杵、绣球儿、火轮儿这六件兵器，正好一件兵器对付一名干将。

17. 破解无敌长蛇阵

这时正在空中等候消息的金吒和木吒，一看哪吒被众妖围攻，大喊：“三弟莫慌，为兄来也！”两人立刻跳下云头，各挺兵器向小妖们杀去。一时杀得砂石乱飞，乌云蔽日。

杀了足有一顿饭的工夫，小妖死伤无数，红孩儿的六大干将也个个带伤。红孩儿看时机已到，把手中的指挥旗往左一摇，“无敌长蛇阵”的小妖们立刻闪开一条路。

金吒和木吒不知道“无敌长蛇阵”的厉害，立刻就往阵中冲。

哪吒一看急了，高声叫喊：“不能进阵！”但是已经晚了，金吒和木吒已经冲进了“无敌长蛇阵”。

10 名小妖立刻首尾相接，形成一条长蛇，弯弯曲曲把金吒和木吒缠在了中间。小妖手执兵器，从各个方向朝金吒和木吒进攻。金吒和木吒开始还能坚持，随着长“蛇”不断地变化，转动的速度时快时慢，缠绕的圈子时大时小，慢慢地有点支持不住了。

哪吒在阵外看得清楚，如果这样打下去，两位哥哥要吃亏的。哪吒大吼一声：“我来也！”飞身跃进阵中。兄弟三人聚在一起，共同对付这条“怪蛇”。

红孩儿见哪吒也进入阵中，立刻把指挥旗连摇两下，于是又有 100 名小妖加入阵中。“怪蛇”变成了一条“巨蟒”，把兄弟三人紧紧缠在中间。

哪吒想：照这样打下去是不成的，要想办法破解这个长蛇阵。破解这个长蛇阵的关键在哪儿呢？突然，他

想起“打蛇要打七寸”，虽然不知道这条“巨蟒”的七寸在哪里，不过可以试试，先照着从头数第七个小妖打看看。想到这儿，哪吒大喊一声：“接家伙！”手中的降妖杵直奔第七个小妖砸去。只听嗷的一声，这名小妖立刻倒地而死，现出原形——原来是个野狗精。

打死野狗精，长蛇阵立刻乱了阵形。哪吒三兄弟趁势一通猛打，长蛇阵瞬间四分五裂，小妖四处逃窜。红孩儿挺火尖枪迎战哪吒三兄弟。红孩儿虽然骁勇，但是好汉难敌四手，终因寡不敌众，败下阵来。他带领手下的六大干将和剩余的小妖落荒而逃。

金吒刚要去追，哪吒拦住了他。哪吒说：“大哥，咱们这次来的目的，是找回父王的宝塔，所以当务之急是赶紧进入熔塔洞，找到宝塔，和红孩儿的账以后再算。”

“好！”金吒快步来到熔塔洞的洞口，看见洞门紧闭。金吒抬起右脚，照着洞门“咚咚”狠命踢了两脚，洞门纹丝不动。

金吒正想再踹它几脚，突然发现洞门上画有一个大

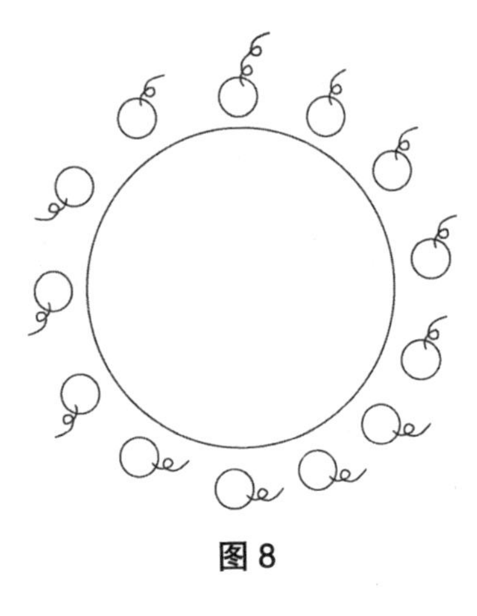
图 8

圆圈，周围装有 13 个布包(图 8)。他忙招呼木吒和哪吒过来：“你们看这是什么？”

“旁边还有字。”木吒念道，“这个大圆的周围安装了 13 个威力强大的炸药包，其中有 12 个是往外爆炸的，只有 1 个是向里爆炸的。只有找到这个向里爆炸的炸药包，才能把门炸开。如何找到这个向里爆炸的炸药包呢？从有长药捻的炸药包开始，按顺时针方向数，数到 10000 时，就是那个向里爆炸的炸药包。”

金吒瞪大了眼睛：“哇，要数 10000 哪！那还不数晕了？”

“一个一个去数，不是办法。”木吒摇摇头说，“万一数晕了，找到的不是向里而是向外爆炸的炸药包，咱们仨就完了！”

哪吒说：“数 10000 个数，由于是转着圈数的，所以

有很多数都是白数的。”

金吒问：“怎么数才能不白数？”

“应该把转整数圈的数去掉。”哪吒说，“转一圈要数 13 个数，去掉 13 的整数倍，余下的数就是真正要数的数。”

“对！”木吒说，“去掉 13 的整数倍的办法，是用 13 去除 10000。”说着就在地上列出一个算式：

$$10000 \div 13 = 769 \cdots\cdots 3$$

哪吒看到这个算式，高兴地说：“好了，只要从有长药捻的炸药包开始，按顺时针方向数，数到 3 就是我们要找的炸药包。”

木吒说：“这样做，我们少转了 769 圈。”

金吒挠挠头：“哎呀，如果一个一个地数，这 769 圈肯定能把人给转晕了！”

随着呀的一声喊，哪吒腾空而起。他用右手一指，一股火光直奔那个炸药包。轰隆一声巨响，熔塔洞的洞门被炸开了。

数学高手

周期问题

周期问题需要用余数的知识解答。首先仔细审题，找出循环规律，确定循环周期，用要求解的数字除以周期，最后根据余数得出正确结果。如果整除，那么结果为周期中最后一个数；如果有余数，那么结果就是周期中“余数”对应的那个数。如本故事的周期是13，用13去除10000，余数是3，所以按顺时针方向数到3就是要找的炸药包。

试一试

有249朵花，按5朵红花、9朵黄花、13朵绿花的顺序轮流排列，最后一朵是什么颜色的花？

“进！”哪吒一招手，木吒和金吒鱼贯进入熔塔洞。

熔塔洞里漆黑一片，伸手不见五指。金吒小声问：

“这里面连个火星儿都没有，怎么熔塔呀？”

哪吒也觉得奇怪：“是啊，这哪儿像熔塔洞呀？”

说话的工夫，突然轰的一声，一股强光闪过，在三人面前出现了一个巨大的熔炉。熔炉的火苗蹿起有一丈多高，在熔炉的上方吊着的正是李天王的宝塔。

金吒猛然跃起，想拿到那个宝塔。只听得咚的一声，金吒不知和什么东西撞了一下，然后重重地摔在了地上。

哪吒赶紧把大哥扶起，仔细一看，原来在熔炉的外面罩了一个透明的罩子。金吒就是撞在了这个透明的罩子上。

哪吒再仔细看这个罩子，发现罩子上画有一个宝塔形状的图(图 9)，在宝塔的各个角上一共画有 7 个圆圈。

“这里有字。”木吒念道，“把 1 到 14 这 14 个连续自然数，填到图中的 7 个圆圈和 7 条线段上，使得任一条线段上的数都等于两端圆圈中两个数之和。如能填对，罩子自动升起，可取出宝塔。”

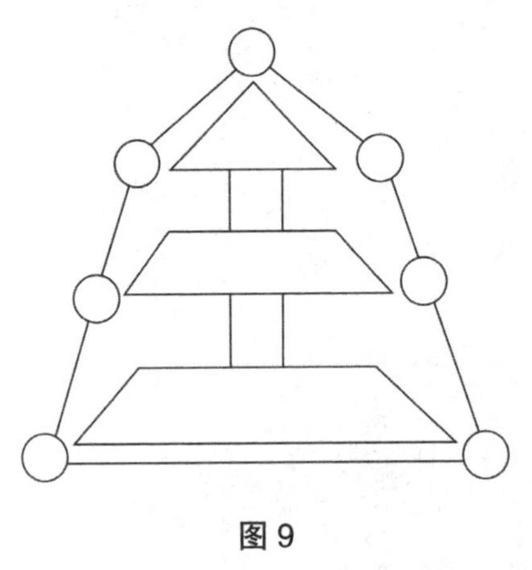
图 9

金吒挠挠头，说：“14 个数往里填，还要填对，这也太难了！”

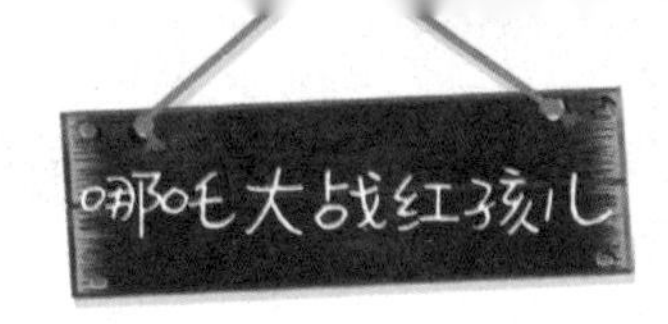

木吒在一旁说：“大哥，为了取回宝塔，再难咱们也要填呀！”

哪吒想了想：“14 个数是多了些，如果同时考虑，容易引起混乱。咱们应该从简单的数入手考虑。”

“1、2、3、4 最简单，是不是应该从它们考虑？”

“大哥说得对！由于任一条线段上的数都等于两端圆圈中两个数之和，所以要把小数先填进圆圈中。”说着哪吒把 1 到 5 这 5 个数填进了图里（图 10）。

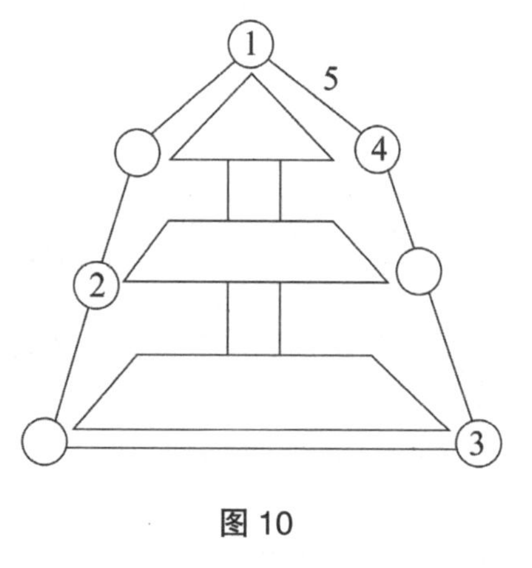

图 10

“我来填 6、7、8。”接着金吒填了这 3 个数（图 11）。

“我填 9、11、12。”木吒也填了 3 个数（图 12）。

“我把剩下的数都填上吧！”最后哪吒把图填完（图 13）。

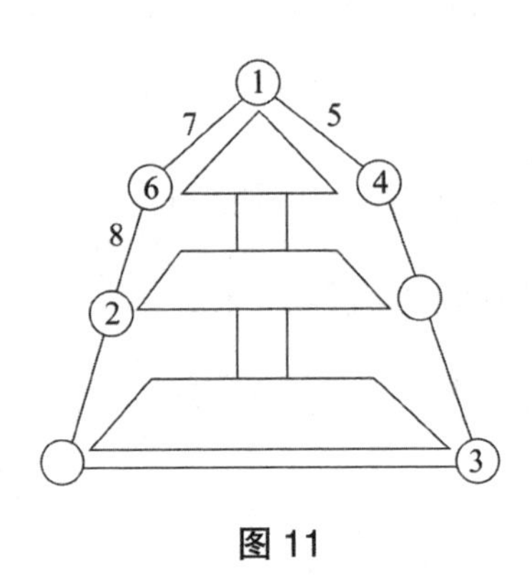

图 11

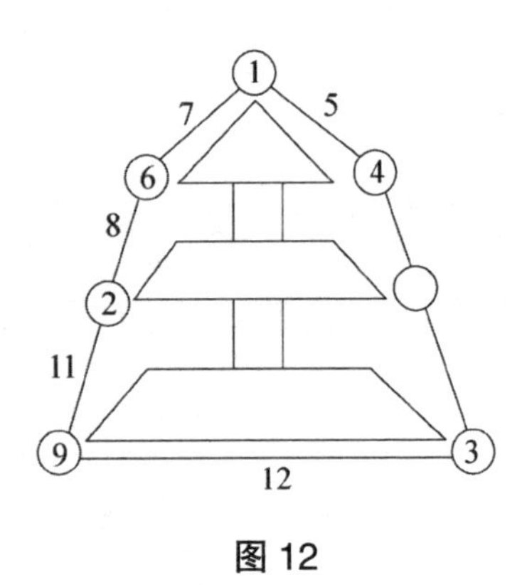

图 12

图 13

图刚刚填好，只听呼的一声，罩子自动升起。“嗨！”木吒脚下一使劲，身子腾空而起，刚想去拿宝塔，忽然，眼前红光一闪，3 个小红孩儿每人手中各拿一杆一丈八尺长的火尖枪，挡住了木吒的去路。另一个小红孩儿拿起宝塔，撒腿就跑。

木吒大叫：“宝塔被小红孩儿拿跑了！”

数学高手

巧填数字

做求和相等的填数字题，首先要找出关键数字，如最小数、最大数或者中间数，其次要善于将和拆成不同的数字相加。关键数字一般处在特殊位置，如中间点、顶点等。做题过程中，要大胆尝试演算，填好后再检查是否符合题目要求。

试一试

将1~9分别填到下面9个格中，使横行、斜行和竖行三个数加起来都等于15。

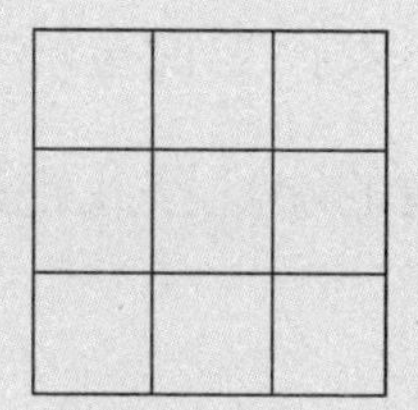

提示：中间格的数是关键数字。

18. 新式武器火雷子

哪吒一看父亲的宝塔被一个小红孩儿拿跑了，立刻火冒三丈。他对两个哥哥说："你们俩去追那个拿宝塔的小红孩儿，这里的三个小红孩儿交给我了！"

"好！"金吒和木吒立刻去追那个拿宝塔的小红孩儿。

"变！"哪吒大喊一声，立刻变成了三头六臂，手中的六件兵器向三个小红孩儿杀去。三个小红孩儿深知哪吒的厉害，不敢怠慢，立刻挺火尖枪相迎，"乒乒、乓乓"杀在了一起。

放下哪吒暂且不表，先说金吒和木吒追赶拿宝塔的小红孩儿。虽然前边的小红孩儿跑得快，但后面的金吒和木吒追得更急。

金吒边追边喊："快把宝塔放下，可饶你不死。不然的话，我会把你碎尸万段的！"

"还不知道谁碎尸万段呢！"说完小红孩儿一扬手，

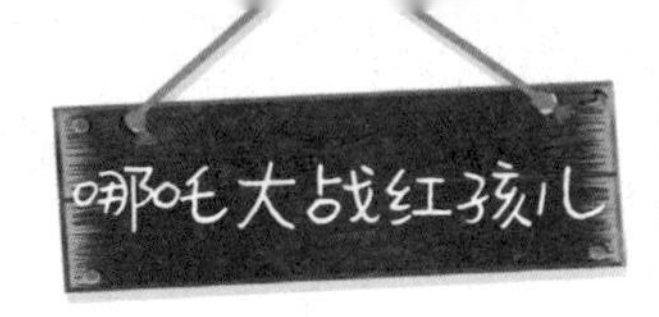

扔过一件东西。

“算你识趣，把宝塔扔过来了！”金吒高兴地刚要去接，一旁的木吒看清楚扔过来的不是宝塔，而是个圆溜溜的家伙。木吒不知扔来的是何物，怕中间有诈，情急之下，猛拉一把金吒：“快走！”两人跳出去老远。

两人刚刚跳出，先是一阵火光，接着轰的一声，圆溜溜的家伙炸开，一团大火在半空中猛烈燃烧。

金吒吓得瞪大双眼，站在那里呆若木鸡。木吒擦了一把头上的汗：“好险哪！”

小红孩儿看着他俩哈哈大笑：“怎么样，好玩吧？告诉你们，要记住了，这个宝贝叫‘火雷子’，是采太阳的精华经千年煅烧而成。我这里有好几个，你们俩要不要再尝一下？”说着左手托塔，右手伸进怀里好像在摸什么东西。

一看小红孩儿又要掏火雷子，金吒高喊一声：“快走！”拉起木吒，嗖的一声蹿出去老远。

小红孩儿哈哈一笑，冲他俩招招手：“我那火雷子是宝贝，我还舍不得给你们，拜拜！”说完脚底一溜烟跑了。

金吒和木吒由于害怕火雷子，不敢去追。金吒眼看小红孩儿拿着宝塔跑了，急得哇哇直叫。

这时，只听咚的一声响，从半空中扔下三个人来。金吒定睛一看，扔下来的是三个小红孩儿，个个背捆着双手。

原来，这三个小红孩儿和哪吒交手，没过十个回合，就被哪吒打倒在地。哪吒将他们捆绑起来，带到了这里。

金吒说："三弟，那个拿走父王宝塔的小红孩儿有火雷子。这火雷子厉害无比，他刚才扔出了一个，若不是二弟拉了我一把，说不定我早完了！他说他身上还有好几个火雷子呢！"

哪吒问小红孩儿："那个拿走宝塔的小孩叫什么名字？"

三个小红孩儿异口同声地回答："叫红孩小儿。"

听到这个名字，木吒脸上露出诧异的表情。他心想："怎么会是他呢？红孩小儿究竟是好孩子，还是坏孩子？"

哪吒又问："这个红孩小儿身上还有几个火雷子？这次，不许一齐回答，要一个一个地说。"

小小红孩儿说："他身上至少有 10 个火雷子。"

红小孩儿说："他身上的火雷子不到 10 个。"

红孩儿小说:“他身上至少有1个火雷子。”

金吒一瞪眼,问:“怎么你们三人说的都不一样?到底听谁的?”

小小红孩儿回答:“我们三个人中只有一个人说了实话。”

再问,三个小红孩儿闭口不答。

金吒问哪吒:“三弟,你看怎么办?”

哪吒想了一下说:“咱们分析一下。首先,这三个小红孩儿的回答中,只有一个是对的。以这三个小孩说话的先后顺序排序,这时有3种可能——‘对、错、错’,‘错、对、错’,‘错、错、对’。”

木吒接着分析:“第一种情况不可能。因为如果‘他身上至少有10个火雷子’是对的,那么‘他身上至少有1个火雷子’必然也是对的,这样就有两个对的了,所以第一种情况不可能。”

哪吒说:“第三种情况也不可能。因为‘他身上至少有10个火雷子’与‘他身上的火雷子不到10个’中,

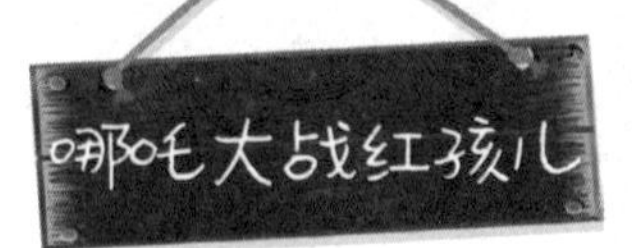

必然有一个是对的，不可能都错，所以第三种情况也不可能。”

“只剩下第二种情况是对的了。”金吒开始分析，“第二种情况是‘错、对、错’，就是说‘他身上的火雷子不到10个’是对的。可是不到10个，有可能是0个、1个、2个、3个一直到9个呀，到底是几个还是不知道呀！”

金吒分析半天，没分析出任何结果。三个小红孩儿听了哈哈大笑。金吒恼羞成怒，举拳就要打，哪吒赶紧拦住。

哪吒说：“大哥，你还没分析完哪！虽说‘他身上的火雷子不到10个’是对的，但是‘他身上至少有1个火雷子’是错的，这说明红孩小儿身上1个火雷子都没有了。”

“哇噻！”金吒跳起有一丈多高，“红孩小儿在蒙咱们呀！他身上没有火雷子啦，那咱们还怕他什么？追！”

可是回头再找红孩小儿，他已经踪影全无了。

数学高手

巧辨真假

解决通过三句话推断出其中一句话是真话的问题，首先根据已知条件找出三句话中相互矛盾的两句，假设其中一句话是真话，然后进行推理验证。若得出矛盾的结果，证明假设不正确，否则证明假设正确。

试一试

甲、乙、丙三人，只有一人没说谎。甲说："乙在说谎。"乙说："丙在说谎。"丙说："甲和乙都在说谎。"谁说的真话，谁说的假话？

金吒问三个小红孩儿："红孩小儿跑到哪里去了？"

红小孩儿回答："红孩小儿是我们四个人中最鬼的一个，他往哪里跑，谁也不知道。"

木吒突然想起，这个红孩小儿有个习惯，他到哪儿去，总喜欢把要去的地方编成一道数学题留下来。这次他会不会也这样做呢？

想到这儿，木吒开始在周围仔细地寻找。

金吒不知道他在干什么，就问："二弟，你在找什么啊？"

木吒随口回答："我也不知道我找什么啊！"

"嘿，真奇怪了！你不知道找什么，还怎么找啊？"

突然，木吒发现了一片竹片。他捡起翻过来一看，竹片背面密密麻麻写了好多字。

木吒高兴地说："找到了！"

19. 夺回宝塔

木吒发现了一片竹片，翻过竹片，只见背面写着：

要找我，先向北走 m 千米。m 在下面一排数中，这排数是按某种规律排列的：

16，36，64，m，144，196

然后再向东走 n 千米，n 是下列数列的第 100 个数，这列数也是有规律的：

1，5，9，13，17，……

金吒挠着自己的脑袋，说："这排数有什么规律？我怎么看不出来呀！"

"首先这一排数都可以被 4 整除。对！我先用 4 来除一下。"哪吒做了除法：

$$4，9，16，\frac{m}{4}，36，49$$

"要仔细观察除完之后的这一排数，看看它们有什么特点。嗯……"哪吒双手一拍，"看出来啦！这里面的每一个数，都是一个自然数的自乘。你们快看，$4=2\times2$，$9=3\times3$，$16=4\times4$，$36=6\times6$，$49=7\times7$。"

"耶！规律找到了！"哪吒高兴地说，"这一排数的

排列规律是：16=4×2×2，36=4×3×3，64=4×4×4，144=4×6×6，196=4×7×7。这中间缺了什么？”

木吒看了一下说：“缺 4×5×5！而 4×5×5=100，m 应该等于 100。哇！找红孩小儿要先向北走 100 千米！”

金吒也想试试：“第二列数是 1，5，9，13，17，……从 1 到 5，缺了 2、3、4；从 5 到 9，缺了 6、7、8。可是这些数有什么规律呢？”金吒摸着脑袋声音越来越小。

哪吒提醒说：“大哥，你别把注意力都集中在缺什么数上，要注意观察相邻两数。你看看相邻两数间隔了几个数？”

金吒赶忙说：“我会了，我会了。相邻两数之间，都间隔了 3 个数。1 和 5 之间间隔了 2、3、4；5 和 9 之间间隔了 6、7、8。因为 1=1，5=1+4，9=1+4×2，13=1+4×3，17=1+4×4，以此类推，第 100 个数为 1+4×99=397，n=397。”

“先向北追 100 千米，然后再向东追 397 千米。大

哥、二哥，咱们追红孩小儿去！”哪吒一招手，兄弟三人腾空而起，向北追去。

数学高手

寻找数列规律

做寻找数列规律的题目的步骤是：观察思考、猜想计算、尝试验证，找出规律。先单独看看每个数本身有什么特点，每一个数与它所在的位置数是否存在和差、乘除或者平方等关系。如果看不出来，再看看相邻的数有什么关系，它们的差、和、倍数或者商之间是否存在规律，或者满足某个关系式。一定要大胆尝试，动笔又动脑。

试一试

找出下面数列的规律，并根据规律，在括号中填上合适的数。

0，3，8，15，24，(　　)，48，63

兄弟三人正驾云往前急行，忽听有人在下面喊叫：“哪吒，哪吒，我在这儿！”

哪吒低头一看，正是红孩小儿在叫他。哪吒向二位哥哥说：“我下去看看。”说完他按下云头，落到地面。

哪吒问红孩小儿：“宝塔呢？”

红孩小儿没搭话，用手指了指旁边的一个山洞。哪吒走近几步，仔细观察这个山洞。洞口很小，直径有半米左右，看看，洞里黑咕隆咚；听听，洞里鸦雀无声。

金吒和木吒也凑了过来。金吒说：“三弟，我进去看看！”说完就要往洞里钻。哪吒一把拉住金吒：“大哥，慢着！”

金吒问：“怎么了？”

“留神洞里有诈！”哪吒说，“红孩儿十分狡猾，他擅长布置圈套，让别人来钻，我们不得不防。”

“那怎么办？难道咱们就在外面傻等着？”

“这个……”哪吒低头沉思了一会儿，“这样办！”

哪吒突然伸出右手，一把揪住红孩小儿的胸口，把他从地上举起。

哪吒大声呵斥道:“好个红孩小儿，你和红孩儿串通一气，早在山洞里布置好暗道机关，诱骗我们进去，好把我们消灭在山洞里。今天不能留着你，我要把你活活摔死！嗨！”随着一声呐喊，哪吒把红孩小儿高高举过头顶。

这一下可把红孩小儿吓坏了，他一边蹬腿，一边高喊："师傅救命！圣婴大王救命！哪吒要把我摔死！"

"哪吒小儿住手！"随着一声叫喊，红孩儿从洞中飞了出来。他用手中的火尖枪一指哪吒："哪吒！别拿我的小徒儿说事，有本事的冲我圣婴大王来！"

"手下败将，还我宝塔！"哪吒手执乾坤圈迎了上去。金吒和木吒也不敢怠慢，各执武器围了上去，把红孩儿团团围在中间，好一场恶战！

十年不见，红孩儿的功夫大有长进，哪吒兄弟三人一时也奈何不了他，反而是红孩儿越战越勇。

突然，红孩儿大叫："红孩小儿，快进洞把宝塔毁了！"

"是！"红孩小儿撒腿就往洞里钻。

木吒一看不好，手执铁棍立刻跳了过去，挡住了红孩小儿的去路。红孩小儿抽出双刀，和木吒战在了一起。

红孩小儿哪里是木吒的对手，几个回合下来，招数

也乱了，气也喘了，头上的汗也下来了。激战中他突然向空中大喊：“师兄、师弟，快来救我！”

话音刚落，只听得“我们来了”，紧接着“嗖、嗖、嗖”三声，小小红孩儿、红小孩儿、红孩儿小从空中落下，四小红孩儿把木吒围在了中间。

正当两圈人马杀得天昏地暗时，突然西方闪出霞光万道，只见托塔天王李靖带领巨灵神、大力金刚、鱼肚将、药叉将等众天兵天将出现在空中。

李天王一指红孩儿：“大胆红孩儿，还不把宝塔归还于我？”

红孩儿“嘿嘿”一阵冷笑：“李天官，宝塔就在洞里，有本事自己进洞去取！”

哪吒在一旁提醒：“父王，红孩儿在山洞里布置好了暗道机关，万万不能上他的当！”

李天王眉头微皱，嘿嘿一笑：“雕虫小技，能奈我何？”说完口中念念有词，用手向山洞一指。只听“轰隆隆”震天动地一响，整个山被炸飞，一座顶天立地的

宝塔出现在众人的面前。

“来！”李天王向宝塔轻轻招了招手，宝塔腾空而起，轻飘飘地向李天王手中飞来。宝塔越变越小，最后变成一座金光闪闪的小宝塔，落入李天王的手掌之中。

红孩儿一看此景，知大势已去，长叹一声，带着四小红孩儿化作一道红光，向南方逃去。

哪吒刚想去追，李天王摆摆手：“放他一条活路吧！”说完带领三个儿子和众天兵天将，班师回朝。

海龙王请客

有个叫小牛的小朋友，喜欢数学，又非常爱看《西游记》。他每天学孙悟空的样子，练猴拳，耍木棍……

一天，小牛正在院里耍棍，忽然从空中降下来一朵祥云。祥云散开，孙悟空出现在小牛的眼前。大圣高叫一声："看棍！"金箍棒带着呼呼的风声直朝小牛砸来。

小牛慌忙用手中的木棍相迎。战过两个回合，小牛收棍，问："大圣，你教我练棍，成吗？"

孙悟空挠了挠下巴，说："你教我数学，我才教你练棍。"

小牛高兴地说："好，咱们一言为定！"

孙悟空拉住小牛喊了声："起！"两个人就腾空而起，向前飞去。

小牛问："你这是往哪里去呀？"

孙悟空往前一指："看，前边就是花果山，山顶上有一根石柱。"

小牛睁大眼睛一看，果然看见山顶上有一个巨大的圆柱形巨石。

大圣说："此仙石，高3丈7尺5寸，底面圆的周长2丈4尺。当初就是这块仙石迸裂，我才从中跳了出来。你帮我算算这块仙石的体积有多大？"

小牛脖子一歪，问："仙石既然迸裂，怎么会完好无损地立在这儿？现在长度单位都用米、分米、厘米了，你怎么还用丈、尺、寸呀？"

大圣愣了一下，说："我跳出来后，迸裂的仙石又自动合拢复原了。我只知道丈、尺、寸，你说的米、分米、厘米是什么玩意儿？"

"好，好，我给你算。"小牛说，"此仙石是圆柱体，它的体积等于底面积乘以高。已知高是3丈7尺5寸，可是底面积不知道呀！"

孙悟空着急地问："这如何是好？"

小牛一摸后脑勺说："唉，有了。知道圆周长可以求出半径，有了半径就可以求出圆面积。"

小牛在一张纸算了起来：

1 米 =3 尺

3 丈 7 尺 5 寸 =37.5 尺 =12.5 米

2 丈 4 尺 =24 尺 =8 米

$8 \div 3.14 \div 2 \approx 1.27$（米）——底面半径

$3.14 \times 1.27^2 \approx 5.06$（平方米）——底面积

$5.06 \times 12.5 \approx 63.25$（立方米）——体积

小牛指着答案说："小猴子，仙石体积算出来了！"

"什么？大胆的小牛，竟敢称我齐天大圣为小猴子？吃我一棒！"孙悟空挥棒就打。

小牛叫孙悟空"小猴子"，惹怒了孙悟空。孙悟空抡起金箍棒高起轻落，就把小牛压在棒下。

小牛被金箍棒压得喘不过气来，大声叫道："好重！好重，啊，救命啊！压死我了！"

大圣说："此金箍棒长 2 丈，直径 4 寸，乃天河中神针铁所制。一块 1 寸见方的神针铁就有 5 斤 3 两 7 钱重。你能算出我的金箍棒有多重，我就放了你。"

数学高手

认识圆柱体

一个长方形以一边为轴顺时针或逆时针旋转一周，所经过的空间叫作圆柱体。圆柱的两个圆面叫底面，周围的面叫侧面。一个圆柱体由两个底面和一个侧面组成。

两个底面之间的距离是圆柱体的高。圆柱体的侧面是一个曲面，侧面展开图是一个长方形、正方形或平行四边形（斜着切）。

圆柱的侧面积 = 底面周长 × 高，即：$S_{侧面积}=2\pi rh$

圆柱的表面积 = 侧面积 + 底面积 $\times 2=2\pi rh+2\pi r^2=2\pi r(r+h)$

圆柱的体积 = 底面积 × 高，即：$V=S_{底面积}\times h=\pi r^2h$

试一试

一个圆柱高 8 厘米，如果它的高增加 2 厘米，那么它的表面积将增加 25.12 平方厘米，问原来圆柱的体积是多少？

小牛想了想，说："金箍棒也是圆柱体，它的体积是 $3.14\times4^2\times200=10048$ 立方寸。金箍棒的重量是 $5.37\times10048\approx54000$ 斤，啊，重 54000 斤？！"

"不对，不对。"孙悟空摇晃着脑袋说，"如果有那么重，早把你压扁了！"

"错在哪儿呢？"小牛捂着脑袋想了想说，"噢，我想起来了！我错把直径当作半径了，只要把 54000 斤除以 4 就对了。应该是 13500 斤，根据 1 千克 =2 斤，把金箍棒的重量换算成千克是 6750 千克。啊，差不多有 7 吨重！压死我喽！"

"哈哈。"孙悟空笑道，"我用手托着金箍棒呢！压在你身上的重量不超过 25 千克。"

孙悟空伸手拉起小牛，说："用棒压你，是我的不是。走，我带你去蟠桃园吃几个仙桃，也好让你补补身体。"说罢带着小牛腾空而起，直奔蟠桃园飞去。

园中土地老儿见孙悟空来了，不敢怠慢，忙迎上去问："大圣来此，是品尝仙桃吗？"

数学高手

物体的重量

本故事涉及计算物体的重量。平时我们所说的重量，实际上指的是物体的质量，用 m 表示。质量的单位主要包括克、千克、公斤、吨，它们的换算关系如下：

1千克=1000克=1公斤；

1 吨 =1000 公斤。

质量计算公式：$m=\rho V$，其中ρ表示物体的密度，即该物体每单位体积内的质量，V 表示物体的体积。故事中，“一块 1 寸见方的神针铁重 5 斤 3 两 7 钱”，就是说金箍棒的密度是 5.37 斤 / 立方寸，金箍棒的体积 $V=\pi r^2h=3.14\times2^2\times200=2512$ 立方寸，所以金箍棒的重量为 $5.37\times2512=13500$ 斤。

试一试

一个圆柱形状的铝块，底面面积为 $28cm^2$，高为 2cm，铝的密度为 $2.7g/cm^3$，求铝块的重量。

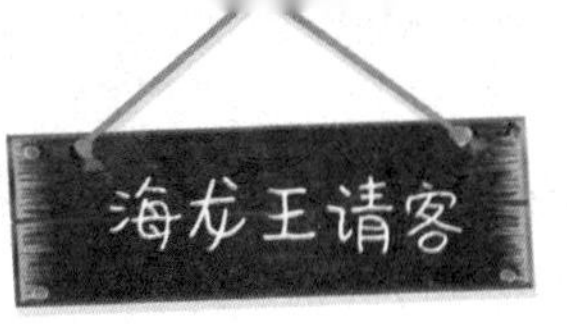

孙悟空问："土地老儿，园中桃树还是那么多吗？"

土地老儿点头说："不错，园中桃树还是3600棵。前面1200棵叫前树，3000年一熟，人吃了体健身轻；中间1200棵叫中树，6000年一熟，人吃了长生不老；后面1200棵叫后树，9000年一熟，人吃了与天齐寿。"

小牛在一旁问："大圣，上次你大闹蟠桃园，一共吃了多少个仙桃？"

孙悟空眨了眨眼睛说："吃多少个桃子我记不得了。熟桃子嘛，前树我留下了10个，中树留下了20个，后树一个没留。"

小牛忙问："前树、中树、后树各有多少个熟桃子呢？"

孙悟空嘻嘻一笑，说："听我慢慢往下说。"

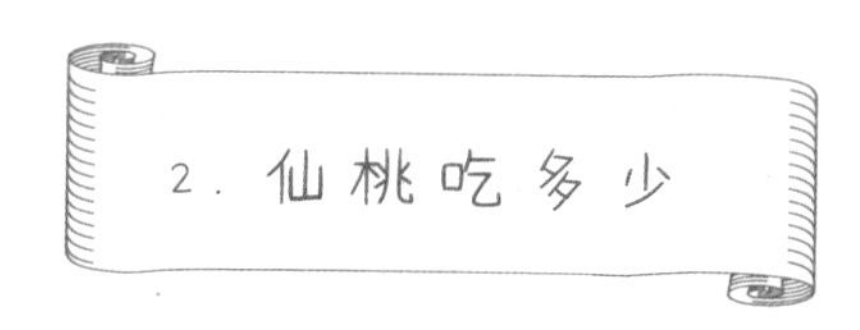

2. 仙桃吃多少

小牛问孙悟空吃了多少桃子，孙悟空说："前树从

第一棵开始数，序号是单数的树上有 2 个熟桃子，是双数的树上有 3 个熟桃子，你算算我在前树吃了多少个桃子？”

小牛说：“前树有 1200 棵，其中单数 600 棵，双数 600 棵，共有熟桃子 $(2+3)\times 600=3000$ 个，你留下 10 个，吃了 2990 个。”

大圣说：“中树也从第一棵开始依次往下数，凡序号是 3 的倍数的树上，都有 3 个熟桃子；凡序号是 4 的倍数的树上，都有 4 个熟桃子；其余树上全是大青桃，吃不得。”

“那既是 3 的倍数，又是 4 的倍数的树上有几个熟桃子？”小牛问。

“这……让我想想。”孙悟空眨了眨眼睛，“噢，对了，这种树上光长树叶，不长桃。”

“原来是这样。”小牛从地上拾起一根干枯的蟠桃树枝，“大圣，我算给你看。”说完，在地上写了起来：

序号是 3 的倍数的树有：$1200\div 3=400$（棵）

序号是 4 的倍数的树有：$1200 \div 4=300$（棵）

序号既是 3 的倍数，又是 4 的倍数的树有：

$1200 \div (3 \times 4) =100$（棵）

中树上共有熟桃子：

$3 \times (400-100) +4 \times (300-100) =1700$（个）

“好个贪吃的孙大圣！”小牛说，“中树的 1700 个桃子只留下 20 个，吃了 1680 个！”

孙悟空说：“后树上的熟桃子太少了。从第一棵数起，凡是序号能同时被 2、3、5 整除的，树上才有 1 个熟桃子，其余都是大青桃！”

小牛说：“2、3、5 的最小公倍数是 $2 \times 3 \times 5=30$，$1200 \div 30=40$ 棵，这就是说，后树只有 40 棵树上有熟桃子，而且每棵树上只有 1 个，一共才 40 个熟桃子，你都给吃了。”

大圣说：“我总共吃了 $2990+1680+40=4710$ 个仙桃，咳，不多，不多。”

孙悟空一拉小牛说：“走，进去吃仙桃去！”

数学高手

最小公倍数

几个自然数公有的倍数，叫作这几个数的公倍数，其中最小的叫作最小公倍数。

求最小公倍数，可以用肉眼观察法：如果两个数是倍数关系，最小公倍数就是其中较大的数；如果是相邻的两个自然数，最小公倍数则是它们的乘积。难度稍大的，可以用下列方法求解。

第一，列举法。先写出各自的倍数，再在倍数中找到公倍数，最后在公倍数中找到最小的。如：

4 的倍数有 4、8、12、24、28……

6 的倍数有 6、12、18、24、30……

4 和 6 的公倍数是 12、24……

4 和 6 的最小公倍数是 12。

第二，分解质因数法。例如：求 30 和 24 的最小公倍数。

$30=2\times3\times5$　　　$24=2\times3\times4$

30和24的最小公倍数 $=2\times3\times5\times4=120$。

这种方法是把30和24分解质因数后，相同的质因数只取一个，如2、3，然后把各自独有的质因数全部乘进去，所得的积就是这两个数的最小公倍数。

第三，短除法。先写上数字，用公有的质因数去除，得到的商为互质数为止。然后把除数和商连乘起来，积就是最小公倍数。例如：求4和6的最小公倍数。

$$\begin{array}{r|rr} 2 & 4 & 6 \\ \hline & 2 & 3 \end{array}$$

$2\times2\times3=12$，就是4和6的最小公倍数。

试一试

有一堆糖，4颗4颗地数或6颗6颗地数，都能刚好数完。请问这堆糖至少有多少颗？

守园的土地慌忙拦阻说："且慢！大圣上次只留下30个熟仙桃，其余仙桃还没熟。这次又带来一位小神仙，恐怕一个熟桃子也剩不下了呀！"

大圣一听不让吃桃子，大怒："大胆土地，竟敢拦我老孙吃桃，看棒！"抡棒就打。

突然，金光一闪，哪吒三太子脚踏风火双轮赶来，挺枪挡住金箍棒："泼猴，又来蟠桃园捣乱，吃我一枪！"

孙悟空与哪吒三太子打了起来。

远处，小牛看如来佛走来，急忙跑了过去说："他俩打起来了，你快去把他们拉开吧！"

如来佛大喝一声："何人在此打斗？"

孙悟空和哪吒连忙收住手中武器，一齐跪倒说："如来佛祖驾到，弟子失礼了！"

如来佛问："你们为何打斗？"

大圣说："我想吃几个仙桃，他硬不让吃！"

哪吒说："上次这个泼猴把蟠桃园糟蹋得一塌糊涂，这次又来偷吃仙桃！"说完又要动手去打孙悟空。

"大胆！"如来佛一瞪眼，"你们两个究竟谁的本领大？"

孙悟空性急，抢先说："我一个筋斗可以翻出十万八千里。我翻个给佛祖看看如何？"

小牛在一旁提醒说："大圣，你在地球上翻筋斗可不合算，你一个筋斗翻出去，只相当于翻出去两万八千里。"

孙悟空不明白，问："这是为什么？"

小牛解释说："地球半径大约等于 6400 千米，绕地球一圈大约是 $3.14 \times (6400 \times 2) \approx 40000$ 千米。1 千米 =2 里，108000 里合 54000 千米。你一个筋斗绕地球一圈后又过去 54000−40000=14000 千米，实际上才离开原地 14000 千米！也就是二万八千里，是不是？"

数学高手

圆周长

圆是一种平面图形，围成圆的封闭曲线的长，就是圆的周长。圆的周长和直径成正比例关系，比值就是圆周率。圆的周长公式为：$C=\pi d=2\pi r$。

本故事中，地球的半径为 6400 千米，绕地球一圈的距离就是地球的周长。

试一试

已知半圆形所在圆的直径是 6 厘米，求这个半圆形的周长（结果保留两位小数）。

“对，对。”大圣又问，“那我在地球上连续翻几个筋斗才能翻回原地呢？”

“这也可以算，先要求出 14000 和 40000 的最小公倍数。”小牛说，“它们的最小公倍数是 280000，再用 280000 除以 14000，恰好得 20。说明你连续翻 20 个筋斗就可以落回原地。”

“20 个筋斗有何难，看俺老孙翻去！”说罢，孙悟空就一个接一个地翻起筋斗来，20 个筋斗翻完，果然又落回原地。

小牛说：“$54000\times20\div40000=27$，你总共绕地球转了 27 圈。”

孙大圣对如来佛说：“上次我翻了半天也没翻出你的手心，今天让我再试一次？”

如来佛点了点头。

孙悟空从如来佛手掌的一边开始，翻了 7 个筋斗，翻到了手掌的另一边。他回头对小牛说：“你给我算算，如来佛的手掌有多宽？”

小牛列个算式：

$$54000 \times 7=378000$$（千米）

他告诉孙悟空，如来佛手掌的宽相当于从地球到月亮的距离。

数学高手

最小公倍数应用题

有些应用题，可以利用最小公倍数求解。故事中，孙悟空一个筋斗的长度比地球的周长多14000千米，14000不是地球周长40000的倍数，要想返回原地，先要求14000和40000的最小公倍数。

由于14000、40000数字较大，我们也可以先将这两个数同时缩小1000倍，求出14和40的最小公倍数280，然后再用280×1000，就可得出14000和40000的最小公倍数是280000。

试一试

有一批水果，总数在 1000 个以内。如果每 24 个装一箱，最后一箱差 2 个；如果每 28 个装一箱，最后一箱还差 2 个；如果每 32 个装一箱，最后一箱只有 30 个。这批水果共有多少个？

3. 谁活的年数多

如来佛叫住小牛，说："我有一事不明，请小施主指教。"

小牛回身说："有什么问题，请如来佛提吧！"

如来佛说："我最关心的是我们这些神仙能活多大岁数。"

小牛问："你要算哪位神仙呢？"

"我来啦！先算算我这个猪神仙能活多少年吧！"只见猪八戒扛着钉耙跑了过来。

八戒对小牛说："五庄观的人参果，一万年才能成熟。此果闻一闻能活 360 年；吃一个，能活 47000 年。上一回，我一连闻了 250 下，又囫囵吞下一个人参果。你算算我能活多大岁数？"

"俺老孙给你算一算。"孙悟空列了一个算式：

$$360\times250+47000$$
$$=90\times(4\times250)+47000$$
$$=90000+47000$$
$$=137000\text{（岁）}$$

"哈哈，我老猪可以活 137000 岁，天下第一！"猪八戒乐得手舞足蹈。

突然，一个道童仗剑刺来，口中大喊："好狂的大耳贼，看剑！"

孙悟空回头一看，说："这不是镇元子的二徒弟明月吗？"

明月指着猪八戒的鼻子说："你敢口出狂言！我已活了 1200 年，人参园开园时，师傅分给我$\frac{2}{5}$个人参果吃；

上次打了两个人参果给你师傅吃，他不吃，我又吃了一个。另外，我还闻过202次人参果。你说说我活的岁数是不是要比你大？”

“慢来，慢来，待俺老孙算算。”孙悟空又列了一个算式：

$$1200+47000\times\frac{2}{5}+47000+360\times202$$

孙悟空捂着脑袋说：“哎呀！这个式子太难算了，小牛，有什么好办法吗？”

小牛想了一下说：“可以用乘法结合律和分配律，让计算简便。”

$$1200+47000\times\frac{2}{5}+47000+360\times202$$

$$=47000\times(\frac{2}{5}+1)+1200+(360\times200+360\times2)$$

$$=65800+1200+72720$$

$$=139720\text{（岁）}$$

明月高兴得一蹦老高：“太好喽！我能活139720岁，

比你老猪多活 2720 岁！”

八戒大怒：“小老道，吃我一耙！”明月拔剑还击，两个打成一团。

八戒和明月正打得热闹，突然一朵祥云飘来。他俩抬头一看，啊，是玉帝驾到。八戒和明月赶忙扔掉手中武器，跪倒在地，齐声说：“玉皇大帝驾到，小神有礼了！”

玉皇大帝满脸怒容，说：“又打又吵，成什么样子！我自幼经历 1750 劫，每劫是 129600 年，你们也给我算算，我有多大岁数？”

“玉帝老儿，还是让我老孙给你算吧！”悟空趴在地上边算边说，“129600×1750，按小牛教我的简便算法，先从 1750 中分解出一个 250 来，再从 129600 中分解出一个 400 来，就好算了。”

$$
\begin{aligned}
&129600\times1750\\
&=(324\times400)\times(7\times250)\\
&=(324\times7)\times(400\times250)\\
&=2268\times100000
\end{aligned}
$$

=226800000（岁）

“我的妈呀！”孙悟空的眼睛瞪得溜圆，“你老头儿活了两亿两千六百八十万岁！可真是万万岁啦！”

玉皇大帝见孙悟空不尊重自己，刚要发怒，只听半空中有人大喊：“泼猴拿头来！”悟空低头躲过来剑，定睛一看，原来是铁扇公主。

铁扇公主叫道：“上次你盗我铁扇，我今天要剁你几剑，以消我心头之恨！”

孙悟空把脑袋一伸说：“你只管剁好了！”

铁扇公主兴起，抡起宝剑狠命剁下去，只听宝剑“当、当”乱响，火星直冒，再看孙悟空，毫毛未伤，只是个子矮了许多。

孙悟空笑嘻嘻地说：“你这剑可真厉害，把我剁矮了，我现在的身高只有原来的$\frac{2}{5}$了！”

“我还要剁！”铁扇公主又没头没脑地劈了几剑。孙悟空又矮了许多，身体只有火柴棍那么高了。

数学高手

巧用乘法运算定律

如果有两个因数相乘的积是整十、整百、整千，就可以应用乘法交换律或结合律，把这两个数先乘，再和其他因数相乘，使计算简便。如将 $125\times(7\times8)$ 变化成 $(125\times8)\times7$，结果就很容易算出来了。

遇到两个大数相乘或者多个数相乘，首先观察题目，如果把其中一个因数分解成两个或者多个数相乘之后，就能得到整十、整百的数，就可以应用乘法结合律和分配律，把这个数分解开来。如将 $35\times18=$ 分解成 $(7\times5)\times(2\times9)=(7\times9)\times(5\times2)=63\times10$，计算就很简单了。

试一试

$333\times334+222\times999=($　　$)$

“哈哈！”孙悟空又蹦又跳，开心地说，“我现在的身高是刚才的$\frac{1}{25}$，只有1寸高了！”

正当铁扇公主咬着牙继续追杀时，她的丈夫牛魔王恰好赶来。只见孙悟空高高蹦起，哧溜一声钻进牛魔王的鼻子里。

“啊嚏！啊嚏！”牛魔王连打了两个喷嚏，请求孙悟空说：“大圣快出来，我难受极了！”

孙悟空在牛魔王鼻子里露出来一个小脑袋，说：“让我出来也不难，你们给我算算，我原来身高是多少？”

铁扇公主和牛魔王都不会算，只好求小牛帮忙。小牛说："悟空现在的身高是1寸，原来身高就是$1\div\frac{1}{25}\div\frac{2}{5}$=62.5寸，约合2.08米。"

孙悟空从牛魔王鼻子里"噌"地蹿了出来，大声叫道："我要吃牛肉！"

铁扇公主听说孙悟空要吃牛肉，吓得连连摆手说："吃不得，吃不得呀！"

孙悟空摇晃着脑袋说："我也不多吃，今天吃60千克，明天再吃60千克，牛魔王还剩下原来重量的$\frac{11}{13}$，你说说牛魔王原来有多重？"

"这……"铁扇公主不会算，她回头求小牛说："我丈夫姓牛，你也姓牛，你就帮我算算牛魔王有多重吧！"

小牛是个好心肠的孩子。他爽快地答应说："好吧！把牛魔王原来的体重看作'1'，大圣两天共吃掉的肉占牛魔王原来体重的$1-\frac{11}{13}=\frac{2}{13}$，这$\frac{2}{13}$有120千克，所以

牛魔王的体重为 $120\div\frac{2}{13}=780$ 千克。哟，真够重的！”

铁扇公主恳求孙悟空说：“请大圣开恩，不要吃牛肉吧！”

小牛也在一旁劝说：“放了他们吧！天气这么热，有肉也吃不下。”

“也罢。小牛，我带你去东海乘乘凉，顺便弄点儿海鲜吃吃。”说完拉起小牛直奔东海飞去。

数学高手

分数除法应用题

解答分数除法应用题，首先，准确找出关键句，从中确定谁是单位“1”。确定单位“1”的方法很多，最常见的表示方法是“x 是 y 的几分之几”，则 y 就是单位“1”。最后，列出数量关系式，或画出线段图。

已知单位“1”的量，用乘法，即：

单位“1”的量 × 对应分率 = 对应数量；

求单位“1”的量，用除法，即：

对应数量 ÷ 对应分率 = 单位“1”的量。

数学高手

本故事中，由关键句“牛魔王还剩下原来重量的$\frac{11}{13}$”，把牛魔王原来的重量看作“1”，大圣两天共吃掉的肉对应的分率为$1-\frac{11}{13}=\frac{2}{13}$，对应数量为120千克，牛魔王原来的重量为$120\div\frac{2}{13}=780$（千克）。

试一试

大宝的班级要做一些纸花，第一天做了任务的$\frac{4}{7}$，第二天又做了余下的$\frac{3}{5}$，这时还有30朵没有做。请问这个班一共应做多少朵纸花？

小牛和大圣刚到东海，海面突然裂开一道缝，一名

海怪走了出来，见到大圣跪倒说："东海龙王请大圣到龙宫赴宴。"

"好，好，有人请客，咱俩去白吃一顿！"大圣拉住小牛的手，跟着海怪走进龙宫。

东海龙王正在操练虾兵蟹将。一大群虾兵每人手中拿一长枪，在蟹将指挥下一招一式地认真操练。

大圣问："这虾兵足有 100 名吧？"

“不够，不够。”龙王摇摇头说，“用虾兵数加上它的100%、50%、25%，最后加上那名蟹将才够100。”

龙女走近悟空，细声细气地说：“听说大圣近来专心学习数学，定能算出虾兵数来。”

“没有问题。”悟空来了精神，说，“设虾兵有x名，虾兵数的100%、50%、25%分别就是$100\%x$、$50\%x$、$25\%x$，再加上一个蟹将是100，列方程得：$100\%x+50\%x+25\%x+1=100$。”

龙女催问：“虾兵到底有多少啊？”

“我算，我算。”悟空急忙解方程：

$$175\%x+1=100$$

$$x=(100-1)\div175\%$$

$$x=56.514728$$

悟空长出了一口气，说：“算出来啦！”虾兵的总数是56个半多点儿。”

龙王大惊：“啊！半个虾兵还能操练？”

小牛赶紧跑过来，凑到悟空的耳朵旁，小声说："错了！你忘了加上原来的虾兵数 x 了！"

"嗯？"悟空眼珠一转说，"半个多虾兵怎么能够操练呢！我是和龙女开个玩笑。正确的解法应该是：$x+100\%x+50\%x+25\%x+1=100$，$x=36$，有 36 名虾兵。"

龙王点点头说："不错，不错。传我的命令，虾兵撤走，让大鲸鱼上殿！"话音刚落，只见一头巨大的蓝鲸慢慢游来。

悟空惊叹道："好大的鲸鱼！足有 5000 千克吧。"

龙女微笑说："它前年就有 5000 千克了，去年体重增加了 30%，今年又比去年增加了 30%。"

"噢，我来算算它有多重。"悟空写出算式：

$5000+5000\times30\%+5000\times30\%=8000$（千克）

龙王摇摇头说："何止 8000 千克！"

悟空挠了挠头说："怎么又错啦？小牛快帮我看看错在哪里？"

数学高手

列方程解应用题

已知一个数的百分之几是多少，求这个数，可以用解方程的方法，首先设这个数是x，然后列方程、求解。

设未知数列方程，有直接法和间接法两种方法，要根据题意和不同情况，灵活选择未知量x。如故事中，已知虾兵的100%、50%、25%，所以设虾兵有x名。文中题目计算时把百分数相加，也可以先转换成小数求和。

试一试

有一堆糖果，其中水果糖占45%，再放入32块巧克力糖之后，水果糖就只占25%。请问这堆糖中有水果糖多少块？

小牛看了看孙悟空的演算过程，说：“龙女说鲸鱼前年的体重是5000千克，去年增加了30%，而今年是在去年的基础上增加了30%。鲸鱼去年的体重是5000×

(1+30%) =6500 千克，而不是 5000 千克！”

“原来如此！我再算。”悟空又写出了一个算式：

5000+5000×30% +5000×(1+30%)×30%=8450 (千克)

龙王竖起大拇指夸奖说：“几年不见，大圣数学长进不小啊！”

悟空忙说：“哪里，哪里！都是小牛教给我的。”

突然，海怪进来报告：“禀告龙王爷，门外有个扛钉耙、长着猪脑袋的和尚来找孙大圣！”

悟空呲牙一笑说：“噢，八戒来啦！”

龙王一摆手说：“快，有请！”

不一会儿，猪八戒抱着一坛子酒走了进来。

八戒乐呵呵地说：“玉皇大帝刚刚赐了我仙酒一坛，重 10 千克，听说猴哥在龙王这里，我特赶来，请各位品尝。”

悟空眼珠一转，心想：“仙酒不多，我可要多喝点。好，有主意啦！”

数学高手

转化法百分数应用题

解答百分数应用题，难点在于题目中的单位“1”有时悄悄发生了变化，需要通过转化法先统一单位“1”。

鲸鱼去年的体重比前年增加30%，前年是单位“1”；今年体重比去年增加30%，其实是以去年体重“1+30%”为单位，可换算出今年比前年增加$1\times30\%+(1+30\%)\times30\%=69\%$，即可求出今年的体重是$5000\times(1+69\%)=8450$（千克）。

试一试

李阳第一周读书150页，第二周比第一周多读20%，而第三周比第二周多读10%，问李阳第三周读书多少页？

5. 大圣分酒

八戒抱来一坛子10千克的仙酒，悟空想多喝仙酒，就开始想点子。

悟空说:“仙酒不多，我少分点儿吧！先分给我10%。”“10%？才1千克！不多，不多！”八戒说，“我分多少？”

悟空没有理睬八戒，他对小牛和龙王说:“小牛从我分剩的酒中分25%，龙王从小牛分剩的酒中也分25%。”

悟空又接着说："然后，八戒从龙王分剩的酒中分30%，最后剩多少算多少，全归我啦！"

八戒听说自己分到30%，比别人都多，就笑嘻嘻地对小牛说："猴哥第一次这么大方，你帮我算算，我究竟能分多少酒？"

小牛笑笑说："我愿意帮忙。大圣先分10%的酒，就是$10\times10\%=1$千克，还剩$10-1=9$千克；我分到的酒是$9\times25\%=2.25$千克，还剩下$9-2.25=6.75$千克；龙王分走$6.75\times25\%\approx1.69$千克，大约剩下$6.75-1.69=5.06$千克。"

八戒眉开眼笑地说："我分到30%，肯定最多！"

小牛一指猪八戒的鼻子说："你，猪八戒只分到$5.06\times30\%\approx1.52$千克酒，还剩下$5.06-1.52=3.54$千克酒归大圣，他一共分得$1+3.54=4.54$千克。"

八戒大怒，指着悟空说："好个猴头！你用数学把戏骗我，你差不多分去半坛子酒，我分得最少！"

悟空见八戒发怒就越发高兴。他笑嘻嘻地说："八

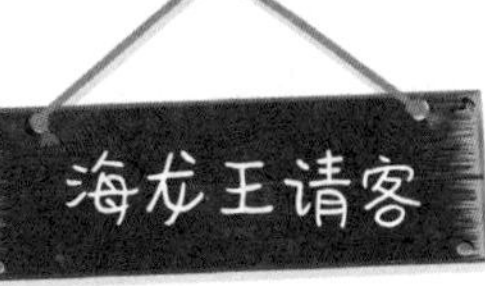

戒别生气，龙王这里还有玉液琼浆一坛，也是10千克，这次多分些给你怎么样？”

八戒怒气未消，问：“这次怎样分法？”

悟空说：“这次你先分10%，小牛分25%，龙王也分25%，我分30%，剩下的全归你，你看成不成？”

八戒一听，觉得这次的分法和刚才一样，只不过自己和孙悟空互换了位置，那自己也可以分到差不多半坛子酒，就点头答应说：“刚才余下的是大头，这次你把大头让给我了，行，行！”

酒分完了，八戒又傻眼了，气得他大叫：“怎么回事？这次又是我分得最少！”

八戒让小牛给算算每人分得多少玉液琼浆，小牛很快写出算式：

小牛分到 $10\times25\%=2.5$（千克）

龙王分到 $10\times25\%=2.5$（千克）

悟空分到 $10\times30\%=3$（千克）

八戒分到 $10-2.5-2.5-3=2$（千克）

八戒一看，又是自己分到的最少，孙悟空分到的最多，心里十分恼火。他一把拉住小牛，问："为什么两次的百分数都一样，这次又是我分到的最少？"

小牛解释说："表面上看，百分数都一样，但是单位'1'的量却不一样。第一次分仙酒的时候，我是从大圣分剩下的酒中分25%，实际上我分到的酒是10千克的（1−10%）×25%=22.5%；龙王分到的酒是我分完后剩下酒的25%，也就是10千克的（1−10%−22.5%）×25% ≈ 17%；而你分到的酒是龙王分完后剩下的30%，也就是10千克的（1−10%−22.5%−17%）×30% ≈ 15%。"

八戒大吃一惊，说："啊！分给我的30%，实际上才是10千克的15%，我吃大亏啦！"

"对！"小牛又说，"第二次分玉液琼浆时，每人分到酒的百分数，都是以10千克为单位'1'的，大圣分到30%，是实实在在的10×30%=3千克。"

八戒大吼一声："好个泼猴，竟敢用数学戏弄我老猪，吃俺一耙！"说完抡起钉耙扑向悟空。

悟空轻轻一跳，躲了过去。他笑嘻嘻地对八戒说：“谁叫你不好好学习数学？你活该上当！”

八戒羞得满脸通红，又向悟空扑来。突然一股黑潮涌来，顿时天昏地暗，伸手不见五指。等黑潮退去，悟空发现八戒和小牛不见了。

悟空急了，亮出金箍棒，揪住龙王叫道：“我的师傅小牛和师弟八戒哪里去了？快交出来！”

龙王连连告饶说：“大圣息怒，此黑潮可能是章鱼怪所为。”

悟空揪着龙王往外走，边走边叫：“带我去找那个章鱼怪。”

龙王熟悉地形，带着悟空三转两转就来到一块巨大的海底礁石前，只见从礁石下面伸出两根如同象鼻子一样的东西，不停地摆动。

悟空刚要走过去，龙王说：“慢！此乃章鱼怪的两条巨腕，每条腕的内侧生有两行吸盘，一旦吸上你就很难摆脱。”

大圣听后倒吸了一口凉气。

数学高手

对应法百分数应用题

求一个数的百分之几是多少，首先要清楚这个数（即单位“1”）。在解题过程中的不同阶段，需要利用对应法把不同的量看成单位“1”。

第一次分酒时，悟空分得10千克的10%，单位“1”是10千克，所以悟空最先分得1千克；小牛分得剩下的25%，这时的单位“1”已不再是10千克，而是变为10−1=9千克。同理，龙王分走小牛分剩下的25%，这时的单位“1”变为9−2.25=6.75千克；八戒分得龙王剩下的30%，这时的单位“1”变为6.75−1.69=5.06千克。在解题过程中，单位“1”是不断变化的，虽然八戒的百分数最大，但分的酒最少。

第二次分酒，又是八戒分得最少，还是因为他没有弄清楚总量（即单位“1”）。第一次分酒，单位“1”是不断变化的，而第二次分酒，单位“1”没变，就是10千克。

做题过程中，一定要看清题意，把量与百分率对应起来。

试一试

有一车香瓜共 100 千克，第一天卖出了 20%，第二天卖出了剩下的 25%，第三天又卖出了剩下的 40%，问还剩多少香瓜？

6. 大战章鱼怪

悟空在礁石底下找到了章鱼怪，龙王警告说章鱼怪腕上的吸盘十分厉害。

悟空哪里把小小的章鱼怪放在眼里，他把手中的金箍棒一横说：“大胆章鱼！竟敢擒我老师，捉我师弟，还不快快出来受死！”

只听一声尖叫，一只巨大的章鱼从礁石底下钻了出来。他长有 8 条大腕，一条大腕上卷着小牛，另一条大腕上卷着八戒。

章鱼怪鼓着两只大眼睛说："猪肉真香，我先吃猪八戒。如果我早晨吃他的一半外加 10 千克；中午吃剩下的一半外加 10 千克；晚饭又吃剩下的一半外加 10 千克；夜里饿了，我还是吃剩下的一半外加 10 千克。哈哈，正好把猪八戒吃光！"

悟空咬着牙根说：“一天吃4顿，你真够贪吃的！”

章鱼怪说：“孙猴子，你能算出猪八戒有多重吗？”

悟空知道这是章鱼怪在向自己挑战，便口中念念有词，想把这个问题算出来，可又不知从何处下手，急得他一个劲儿地抓耳挠腮。

章鱼怪哈哈大笑，说：“你抓下再多的猴毛，怕也算不出来，我还是先吃早点吧！”说着，就把八戒往嘴里送。

“慢！”悟空说，“我要问问八戒和我老师，看他们还有什么话说？”只见小牛和八戒都痛苦地挣扎，干张嘴说不出话来。悟空知道他俩被腕缠得太紧。

悟空问龙王：“如何让章鱼怪把腕松开？”龙王俯在悟空耳朵上小声说了两句。

孙大圣腾空跃起，抖起手中金箍棒趁章鱼怪愣神的一刹那，在章鱼怪左右眼上各点了一下。

这一招儿还真灵，章鱼怪立即把腕松开。小牛赶忙喘了几口气，说：“大——圣，你——从后——往前算。”

悟空立刻明白了。他猴眼一转，对章鱼怪说：“你

夜里吃剩下的一半外加 10 千克，正好吃完，这说明晚饭吃剩下的是 20 千克；你晚饭吃剩下的是 20 千克，中午饭后吃剩下的是（20+10）×2=60 千克；早饭后吃剩下的是（60+10）×2=140 千克。所以，八戒的体重是（140+10）×2=300 千克。”

章鱼怪哈哈大笑：“猪八戒有 300 千克重，正好让我吃得过瘾！”说完又要往嘴里送。悟空大怒，抡起金箍棒照章鱼怪头上狠命一棒，只听嘭的一声，黑色毒液从章鱼怪的头上涌出。

悟空打死章鱼怪，解救了小牛和八戒。

龙王非常高兴，他说：“大圣帮我们东海除去一害呀！谢谢大圣！”

悟空嘻嘻一笑说：“老龙王，你倒是会做人，说了声谢谢就完啦！”

龙王赶忙施礼问：“依大圣的意思？”

“东海盛产珍珠，你拣些上好的珍珠送给我们三个，也好留个纪念呀！”悟空一点儿也不客气。

数学高手

倒推法解应用题

倒推法又叫还原法，从结果入手，利用已知条件一步一步往前倒推，逐步向所要求的答案靠拢，直到解决问题为止。

故事中，由最后的结果“夜里吃剩下的一半外加10千克，正好吃完”，可知此处章鱼怪吃完“剩下的一半”后，剩下的是10千克，这样章鱼怪夜里吃了10×2=20千克。说明晚餐后剩下的是20千克。那么：

午餐后剩下：(20+10)×2=60(千克)

早餐后剩下：(60+10)×2=140(千克)

八戒的体重：(140+10)×2=300(千克)

试一试

有一筐西瓜，甲买了全部西瓜的一半又半个，乙买了剩下西瓜的一半又半个，丙买了剩下的一半又半个，丁买了剩下的一半又半个，这样西瓜全部卖完。请问筐里原来有多少个西瓜？

“这个好说。上珍珠！”龙王一声令下，只见一只大乌龟背上驮着一个锦盒缓步爬来。龙王打开一看，里面装有 5 颗乒乓球大小的珍珠。接着走来 3 员蟹将，手中各捧一锦盒，打开一看，每个锦盒中都装有 2 颗鸡蛋大小的珍珠。

悟空禁不住叫道：“好大的珍珠！”

最后走上来 6 名虾兵，手中也各捧有一个锦盒，打开一看，每个盒子里都装有一个足球大小的珍珠，光彩夺目。

八戒惊呼：“从没见过这么大的珍珠！”

龙王说：“把这些珍珠送给三位，请笑纳！”

悟空摇摇头说：“太小气，这么几颗珠子让我们三个人分，每人才能分几颗？”

龙王忙问：“依大圣的意思？”

悟空说：“我们每人每次只能取 6 颗珍珠。取法相同的只算一次，取法不同的应该算 2 次，2 次就得 12 颗珍珠，3 种不同取法可得 18 颗珍珠。谁找到的不同取法多，谁得到的珍珠也多，你看怎样？”

龙王惹不起大圣，只好点头答应。

八戒嚷嚷着先分。他一次抱走6名虾兵手中的6个锦盒。八戒高兴地说：“我要6颗最大的！”龙王令虾兵又端来6盒补齐。

悟空先拿走虾兵手中的6盒，又拿走蟹将手中的3盒，说道：“我拿走12颗珍珠。”

小牛有绝招儿。他先画了一张表：

取的盒数 \ 取法 盒里珍珠数	1	2	3	4	5
5颗	1	0	0	0	0
2颗	0	3	2	1	0
1颗	1	0	2	4	6

小牛按照表取了5次：第一次是1盒5颗的，1盒1颗的；第二次是3盒2颗的；第三次是2盒2颗的，2盒1颗的；第四次是1盒2颗的，4盒1颗的；第五次是6盒1颗的。

龙王惊呼："我的天哪！照小神仙这样取法，要把龙宫的所有珍珠都取光了！"

小牛笑笑说："这些宝珠留在你龙宫有何用？拿出去还可以为人类造福！"

悟空一拍小牛肩膀说："老师说得对！"

数学高手

组合问题

本故事属于组合问题中的加法原理：做一件事，需要分n个步骤，在第一步中有m_1种不同的方法，在第二步中有m_2种不同的方法……在第n步中有m_n种不同的方法，那么完成这件事共有$N=m_1+m_2+m_3+\cdots\cdots+m_n$种不同方法。

本故事中，有3种盒子，每种盒子里有5颗、2颗和1颗珍珠，每次取6颗珍珠，需要分步完成。如果先取装有5颗珍珠的盒子，第二步只能取装有1颗珍珠的盒子；如果先取装有2颗珍珠的盒子，可以有3种取法；还有1种方法是取装有1颗珍珠的盒子，一共取6盒。所以共有1+3+1=5种取法。

试一试

甲、乙、丙三人并排站在一起照相，共有多少种不同的站法？

7. 抽数谎破

这一日，骄阳似火，孙悟空对师父说："徒儿去弄点泉水和野果来。"八戒立刻凑了上去说："徒儿去化点馒头和米粥来。"唐僧点头答应后，两个徒儿各奔东西。

八戒来到一片西瓜地，他见左右无人，摇身一变，变成一头小野猪，钻进西瓜地里大吃起西瓜来。忽然，一只老虎猛扑过来，小野猪扭头就跑，老虎紧追不舍。

八戒急了就地一滚，又恢复了原样。只见他抡起钉耙就打老虎。可定睛一看，哪里还有什么老虎，分明是孙悟空站在面前。

悟空问："八戒，你偷吃了多少西瓜？"

八戒摇摇头说："一个没吃，敢对老天发誓！"

"真的，一个也没吃，我说的全是真话。"八戒嘴里嘟哝着。

悟空接过话茬说："真话谎话我自然会知道的。"接着，悟空从怀中取出 10 片同样大小的竹片，上面分别写着从 1 到 10 十个数字。悟空左右手各拿 5 片竹片，把写着数的一面朝下，对八戒说："你从我的两手中各抽一片竹片，记住竹片上写的数，然后再插回来。我翻过来一看，如果我能说出你抽的是哪两片竹片，就说明你说的是真话还是谎话我全知道。"

"有这种事？"八戒半信半疑地从悟空的左右手各抽出一片竹片，默记住上面的数字后又插了回去。

悟空把两手的竹片翻过来一看，说："你抽的竹片，一片上写着 3，一片上写着 8，对不对？"

"嘿，还真对啦！"八戒连抽了几次，每次都被孙悟空说中。八戒服了，承认自己偷吃了 18 个大西瓜。

八戒问："猴哥，你究竟要的是什么把戏？"

悟空把左手一举说："这 5 片上写的都是偶数。"接着他把右手一举说："而这 5 片呢，写的都是奇数。当你抽走两片竹片的时候，我把左右手的竹片迅速交换过

来。你再往回插的时候，肯定把一片写着偶数的竹片插到写着奇数的竹片里，一片写着奇数的竹片插到了写着偶数的竹片里。我把竹片翻过来，就一眼看出你插进的那两片竹片了。”

八戒一跺脚说：“咳，我让奇偶数骗了！”

数学高手

奇数和偶数

能被2整除的整数叫作偶数，如2、4、6……；不能被2整除的整数叫作奇数，如1、3、5……

奇数和偶数的性质如下：

（1）两个连续整数中，必定一个是奇数，另一个是偶数。

（2）奇数 ± 奇数 = 偶数，奇数 ± 偶数 = 奇数，偶数 ± 偶数 = 偶数。

（3）奇数个奇数的和（或差）为奇数，偶数个奇数的和（或差）为偶数，任意多个偶数的和（或差）总是偶数。

（4）两个奇数之积为奇数，一个偶数与一个整数之积为偶数。

（5）若干个整数相乘，其中若有一个乘数是偶数，积就是偶数；如果所有的乘数都是奇数，积就是奇数。

试一试

从 1 到 10，这 10 个自然数之和是奇数还是偶数？试一试不通过计算，利用奇偶数的性质推导出来吧！

试一试答案

第 5 页　64

第 9 页　5÷5−5÷5 = 0　　(5+5)÷(5+5) = 1

　　　　5÷5+5÷5 = 2　　(5+5+5)÷5 = 3

第 15 页　32 个

第 19 页　110101

第 23 页　10001000 > 1101010

第 33 页　能

第 35 页

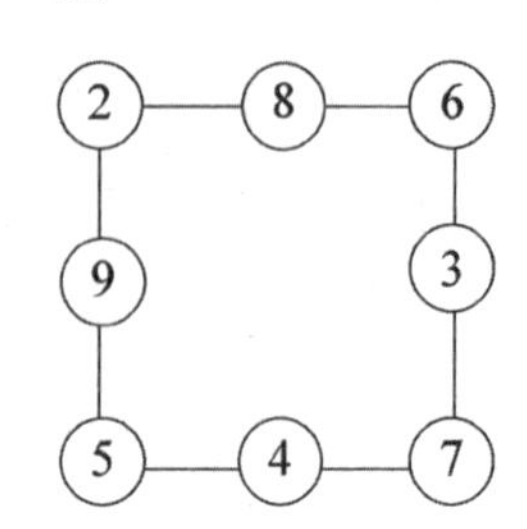

第 42 页　220

第 48 页　4 小时

第 54 页　41

第 62 页　黄色

第 69 页　一年级的甲是跳高冠军，二年级的丙是跳远冠军，三年级的乙是乒乓球冠军。

第 78 页　11，12，13

第 85 页　足球 9 个，篮球 27 个

第 89 页　$\boxed{6}8\boxed{7}\boxed{3}-3\boxed{2}16=3657$

第 93 页　把第四排两端的棋子拿到第二排棋子的两端，把第一排的那颗棋子拿到第四排右边的中间位置。

第 102 页　黄花

第 107 页

4	9	2
3	5	7
8	1	6

第 114 页　乙说的是真话，甲和丙说的是假话。

第 118 页　35

第 128 页　100.48 立方厘米

第 130 页　151.2g

第 135 页　12 颗

第 138 页　15.42 厘米

第 141 页　670 个

第 146 页　333000

第 150 页　175 朵

第 154 页　18 块

第 156 页　198 页

第 163 页　36 千克

第 167 页　15 个

第 171 页　6 种

第 175 页　奇数

数学知识对照表

	知识点	页码	对应故事	难度星级
数的认识与计算	二进制数	19	厉害的火车子	★★★
	二进制数比大小	23	智破火车子	★★★★
	最小公倍数	134	仙桃吃多少	★★★★
	奇数和偶数	174	抽数谎破	★★★★
运算方法与规律	巧填运算符号	9	不和傻子斗	★★★★
	巧填数字	35	家族密码	★★★★
	方阵问题	41	决一死战	★★★★★
	周期问题	62	真假“定风丹”	★★★★
	数字谜	88	逃离熔塔洞	★★★
	周期问题	102	破解无敌长蛇阵	★★★★
	巧填数字	107	破解无敌长蛇阵	★★★★
	寻找数列规律	118	夺回宝塔	★★★★
	巧用乘法运算定律	146	谁活的年数多	★★★★
几何知识	一笔画问题	32	考考牛魔王	★★★★★
	认识圆柱体	128	仙石有多大	★★★
	物体的重量	130	仙石有多大	★★★★★
	圆周长	138	仙桃吃多少	★★★

知识点		页码	对应故事	难度星级
典型应用题	行程问题	48	一扇万里	★★★★★
	和倍问题	54	智取“定风丹”	★★★★
	和倍应用题	85	逃离熔塔洞	★★★★
	最小公倍数应用题	140	仙桃吃多少	★★★★★
	分数除法应用题	149	谁活的年数多	★★★★
	转化法百分数应用题	156	海龙王请客	★★★★★
	对应法百分数应用题	162	大圣分酒	★★★★★
应用题解法	设未知数列方程	78	四小红孩儿	★★★★★
	列方程解应用题	154	海龙王请客	★★★★★
	倒推法解应用题	167	大战章鱼怪	★★★★
推理与统计	逐次淘汰问题	5	哪吒出征	★★★★★
	排列组合	14	三头六臂	★★★★
	逻辑推理	69	宝塔不见了	★★★★★
	巧移棋子	93	操练无敌长蛇阵	★★★
	巧辨真假	114	新式武器火雷子	★★★★
	组合问题	170	大战章鱼怪	★★★★

趣味数学题

苏步青做题　　行程问题　　★★★★

我国著名数学家苏步青年轻时候做过这样一道思考题：甲和乙从东、西两地同时出发，相对而行。两地相距100里，甲每小时走6里，乙每小时走4里，几小时两人相遇？如果甲带了一只狗，和甲同时出发，狗以每小时10里的速度向乙奔去，遇到乙后立即回头向甲奔去，遇到甲又回头向乙奔去，直到甲乙两人相遇时狗才停住。问这只狗共奔了多少里路？

答案：两人10小时相遇，狗走了100里路

唐僧师徒摘桃子　　最小公倍数　　★★★★

一天，唐僧命徒弟悟空、八戒、沙僧三人去花果山摘些桃子。徒弟三人摘完桃子高高兴兴地回来了。唐僧问："你们每人各摘回多少个桃子？"

八戒憨笑着说："师父，我来考考你。我们每人摘的一样多，我筐里的桃子不到100个，如果3个3个地数，数到最后还剩1个。"

沙僧神秘地说："师父，我也来考考你。我筐里的桃子，

如果 4 个 4 个地数，数到最后还剩 1 个。”

悟空笑眯眯地说：“师父，我也来考考你。我筐里的桃子，如果 5 个 5 个地数，数到最后还剩 1 个。”

唐僧很快说出了答案。

你知道他们每人摘了多少个桃子吗？

答案：61 个

不说话的学术报告　日常应用　★★★

1903 年 10 月，科尔教授在美国纽约的一次数学会议上作学术报告。他走到黑板前，没有说话，而是用粉笔写出：$2^{67}-1$，这个数是合数而不是质数。接着他又写出两组数字，用竖式连乘，两种计算结果相同。全场响起雷鸣般的掌声，祝贺他证明了 2 自乘 67 次再减去 1，这个数是合数，而不是两百年来一直被人怀疑的质数。

有人问他论证这个问题用了多长时间，他说：“三年内的全部星期天。”你能很快回答出他至少用了多少天吗？

答案：156 天

猜年龄　年龄问题　★★★★

小明和小伙伴玩猜年龄游戏。小明说：“我能猜对你们所有人的年龄。”大家都不相信。小西说：“我不信，我来试试！”小明说：“好！把你的年龄乘以 3，再加上 3，再除以 3，再减去 3，然后把答案告诉我。”很快，小西就算出了答案："10！"小明立刻回答道："你今年12岁了，对不对？"小西竖起大拇指夸奖小明："对！对！"你知道这是为什么吗？

答案：这里巧妙地运用了一个恒定关系。设x为要猜的年龄，那么对方的答数就是：$(3x+3)\div3-3=x+1-3=x-2$。所以不管x是多少，只要对方把答数说出来，就是说出了$x-2$的答案，再加上2，当然就可以算出对方的年龄了。

猴子吃桃　分数问题　★★★★★

小猴子摘了一些桃子，它吃掉了一半觉得不过瘾，又吃了一个；第二天，它还是这样子，先吃了剩下的一半，再多吃一个；第三天，它又吃掉剩下的一半，再多吃一个。第四天，小猴子打开柜子的时候，愣住了，柜子里只剩下一个桃子了。请问小猴子一共摘来多少个桃子？

答案：22个

判断职业　判断推理　★★★★★

大郎、二虎、三牛、四贵、五娃是从小一起长大的五个好朋友，他们的职业是面包店老板、理发师、肉店老板、烟酒经销商和公司职员。现在知道这样一些情况：

①面包店老板不是三牛，也不是四贵。②烟酒经销商不是四贵，也不是大郎。③三牛和五娃住在同一栋公寓里面，隔壁是公司职员的家。④三牛娶理发师的女儿时，二虎是他们的媒人。⑤大郎和三牛有空时，就和肉店老板、面包店老

板打牌。⑥每隔十天，四贵和五娃一定要到理发店修个脸。⑦公司职员一向自己刮胡子，从来不到理发店去。

请问这五个人都是干什么的？

答案：五娃：面包店老板；大郎：理发师；四贵：肉店老板；三牛：烟酒经销商；二虎：公司职员。

阿凡提猜珍珠 推理判断 ★★★★

阿凡提运用他的聪明才智行侠仗义，无情地嘲弄残暴而又愚昧无知的封建统治者，那些老爷们对阿凡提恨之入骨。一天，国王召阿凡提进宫，煞有介事地对他说："阿凡提先生，听说你经常在外面讲我的坏话，这样吧，人们都说你很聪明，我这里有一个问题，你如果能解答出来，我就释你无罪，如果答不出来，那就加重处罚。"

国王让人拿来三个盒子，说："这三个盒子中只有一个盒子里放着一粒珍珠。每个盒子上各写着一句话，但只有一句真话，其余都是假话。你给我找出珍珠在哪个盒子里。"

阿凡提一看，第一个盒子是红色的，上面写着："珍珠在这里"；第二个盒子是蓝色的，上面写着："珍珠不在红盒子里"；第三个盒子是黄色的，上面写着："珍珠不在这里。"阿凡提看完了盒子上的字，略一沉思，马上就指出了珍珠在哪个盒子里。国王和手下大臣一听，一个个都惊讶得半天说不出话来。国王只好把阿凡提放了。

你能找出珍珠在哪个盒子里吗？

答案：在黄色盒子里

农妇卖蛋　日常数学应用　★★★★★

俄国著名数学家曾写过一个故事，故事中有一则数学难题：

一位以卖鸡蛋为生的妇人，要她的三个女儿到市场上去卖鸡蛋。她分配给大女儿8个鸡蛋、二女儿22个鸡蛋、三女儿36个鸡蛋，要求3个女儿卖价要一致，独自卖，并且要交回一样多的钱，最后66个鸡蛋的总收入不得少于90元。

聪明的大女儿想到一个巧妙的办法：开始时每人都以每5个鸡蛋3元的价钱卖出，最后剩下的鸡蛋每个都卖9元。如果3人鸡蛋都卖完，则大女儿得到1×3+3×9=30元，二女儿得到4×3+2×9=30元，三女儿得到7×3+1×9=30元，正好可以完成任务。

现在如果有7个人，每人各有20、40、60、80、100、120及140个鸡蛋，所有人的卖价要一致，独自卖，并且要交回一样多的钱，最后总收入不得少于560元。请问有什么策略卖这些鸡蛋？

答案：开始时每人都以每7个鸡蛋4元的价钱卖出，最后剩下的鸡蛋每个都卖12元。

聪明的一休　比例问题　★★★★★

从前，日本安国寺里有个小和尚叫一休，机智过人，常常帮人排疑解难。一天，一休跟随他人来到将军府。这时进来一位妇女，冲他们鞠了一躬，对一休说：“一休小师傅，听说你足智多谋，今天我有一难事相求，请多多帮忙。我家昨天来了一些客人。客多，碗少，所以客人们除饭碗是每人一个外，菜碗和汤碗都是共用的。菜碗是两人共用一个，汤碗是三人共用一个，这样一共用了220个碗。现在客人们走了，我们要记录一下昨天一共来了多少位客人。可我怎么也算不出，请一休小师傅帮忙算算。”一休闭目琢磨了一会儿，微微一笑说：“我知道有了，一共有120位客人。”

你知道一休怎么算出来的吗？

答案：饭碗是每人1个，菜碗是2人1个，汤碗是3人1个，也就是说1人用1个饭碗、$\frac{1}{2}$个菜碗、$\frac{1}{3}$个汤碗，合起来1个人用的碗数就是$1+\frac{1}{2}+\frac{1}{3}=\frac{11}{6}$个。因为总共用了220个碗，每个人用了$\frac{11}{6}$个碗，所以客人就是：$220\div\frac{11}{6}=120$位。

青蛙捉虫子　倍数问题　★★★★

大小两只青蛙比赛捉虫子，大青蛙比小青蛙捉得多。如果小青蛙把捉的虫子给大青蛙3只，则大青蛙捉的虫子就是小青蛙的3倍。如果大青蛙把捉的虫子给小青蛙15只，则大小青蛙捉的虫子一样多。你知道大小青蛙各捉了多少只虫子吗？

答案：小青蛙捉21只，大青蛙捉51只

人、狗、鸡、米过河　智巧问题　★★★

一个人要带狗、鸡、米过河，每次只能带一物。当人不

在场时，狗要吃鸡，鸡要吃米，你有办法使狗、鸡、米都能安全过河吗？

答案：狗要吃鸡，鸡要吃米，所以在过河的每一个步骤中，把狗和鸡、鸡和米分开，才能避免损失。第一步先把鸡带到对岸，然后空手回来；第二步把狗带到河对岸，把鸡带回来；第三步把米带到对岸，空手回来；第四步把鸡带到河对岸。（注意：答案不唯一。）

孙悟空喝牛奶　分数应用题　★★★★

唐僧师徒四人走在无边无际的沙漠上，又饿又累。猪八戒想：如果有一顿美餐该多好啊！孙悟空可没有八戒那么贪心，他只想喝一杯牛奶就够了。想着想着，眼前就出现了一户人家，门口的桌上正好放了一杯牛奶，孙悟空连忙上前，准备把这杯牛奶喝了，可主人却说："大圣且慢，如果您想喝这杯奶，就必须回答对一道数学题。"

孙悟空想，不就一道数学题吗，难不倒俺老孙，于是爽快地答应了。那位主人家出题：

倒了一杯牛奶，你先喝$\frac{1}{2}$，加满水，再喝$\frac{1}{3}$，又加满水，最后把这杯饮料全喝下。问你喝的牛奶和水哪个多？为什么？

答案：奶比水多。因为喝的奶是一整杯，而喝的水是$\frac{1}{2}+\frac{1}{3}=\frac{5}{6}$。

猴子分桃　倒推法解题　★★★★★

著名美籍物理学家李政道教授来华讲学，访问中国科技大学，给少年班同学出了一道题：

有五只猴子，分一堆桃子，可是怎么也平分不了。于是大家同意先去睡觉，明天再说。夜里一只猴子偷偷起来，把一个桃子扔到山下后，剩下的桃子正好可以分成五份，它就把自己的一份藏起来，又睡觉去了。第二只猴子爬起来也扔了一个桃子，剩下的桃子刚好分成五份，它也把自己那一份收起来了。第三、第四、第五只猴子都是这样，扔了一个后，剩下的桃子也刚好可以分成五份，它们也都把自己那一份收起来了。最后剩下的桃子是1020个，请问原来一共有多少个桃子？

答案：3121个

《九章算术》里的问题　行程问题　★★★

《九章算术》是我国最古老的数学著作之一，全书共分9章，有246道题目。其中一道是这样的：

一个人用车装米，从甲地运往乙地，装米的车日行25千米，不装米的空车日行35千米，5日往返3次。问两地相距多少千米？

答案：875/36千米

聪明的园丁　　一笔画问题　　★★★★★

公园中心有9棵小树，园丁每天都要推着车给这9棵树浇水。园丁的车子拐弯和后退都不灵活，只有前进才轻便。要想提高工作效率，就要尽量减少拐弯次数。后来，他琢磨出一条巧妙的路线，车子只要拐3次弯就可以给这9棵树浇一遍水，请问他是怎么走的？

答案：

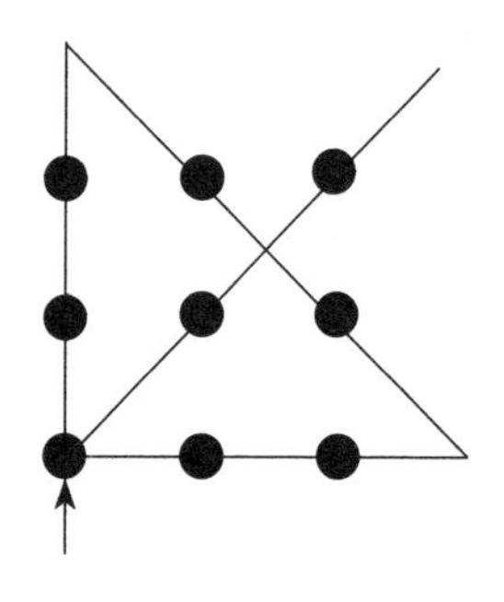